Historischer Bergbau im Thalenser Revier

Thale, Cattenstedt, Wienrode, Timmenrode, Warnstedt, Weddersleben, Neinstedt, Stecklenberg, Bad Suderode, Allrode und Friedrichsbrunn

Ein etwas anderer Wanderführer

Bernd Sternal & Günter Wilke

Sternal Media

Bibliografische Information der Deutschen Nationalbibliothek
Die Deutsche Nationalbibliothek verzeichnet diese Publikation in der Deutschen Nationalbibliografie; detaillierte bibliografische Daten sind im Internet über dnb.d-nb.de abrufbar.

Impressum:

Herausgeber: Verlag Sternal Media, Gernrode
Gestaltung und Satz: Sternal Media, Gernrode
www.sternal-media.de
www.harz-urlaub.de

Umschlagsgestaltung: Sternal Media
Fotos, Abbildungen: Bernd Sternal sowie siehe Bildlegenden
Karte: Günter Wilke, Thale

1. Auflage Mai 2019
ISBN: 978-3-7347-9497-1
Herstellung und Verlag:
BoD- Books on Demand, Norderstedt

Einführung

Im Einzugsgebiet der Stadt Thale fanden früher rege Bergbauaktivitäten statt, die jedoch heute fast vergessen und nur noch Wenigen bekannt sind. Dennoch weisen noch zahlreiche Relikte auf diesen einstmals bedeutenden Wirtschaftszweig hin. In diesem Zusammenhang wird oftmals vergessen, dass auch der oberflächige Abbau von Rohstoffen und Mineralen dabei eine wichtige Rolle spielte und nicht nur der Bergbau unter Tage.

Zudem nahm in dieser Region auch der Erzbergbau im oberflächennahen Pingenbergbau eine wichtige Stelle ein, wie zahlreiche Pingen im Gelände beweisen. Da diese Abbautechnologie wenig Aufwand erforderte und zudem recht unspektakulär war, finden sich dafür in den Archiven nur wenige Dokumente. Herr Günter Wilke stellte sich daher vor vielen Jahren die Aufgabe, alle Relikte, die diesbezüglich dokumentiert sind, zu recherchieren und den undokumentierten Bergbau durch systematische Flurbegehungen zu dokumentieren. Eine außergewöhnliche Fleißarbeit, die hohe Anerkennung verdient. Ich habe daher die Dokumentationen von Günter Wilke ausgewertet, um daraus ein kleines Buch für Heimatfreunde, Wanderer und Bergbauenthusiasten zu machen.

Dieses kleine Buch soll weder ein Fachbuch noch ein Sachbuch sein, es soll nur als spezielles Wanderheft dienen. Daher sind die bergbaulichen Relikte aufgelistet und in mühevoller Kleinarbeit in eine Karte eingezeichnet, so dass sie nachvollziehbar aufgefunden werden können. Auf einen Quellennachweis wurde daher verzichtet. Gibt es jedoch historische Informationen zu den einzelnen Objekten, so wurden diese hier vermerkt. Sicherlich sind nicht alle Bergbaurelikte im Berichtsgebiet erwähnt und behandelt worden. Daher freuen sich die Autoren über jede Information, jeden Hinweis und auch über Kritik.

Bernd Sternal & Günter Wilke Mai 2019

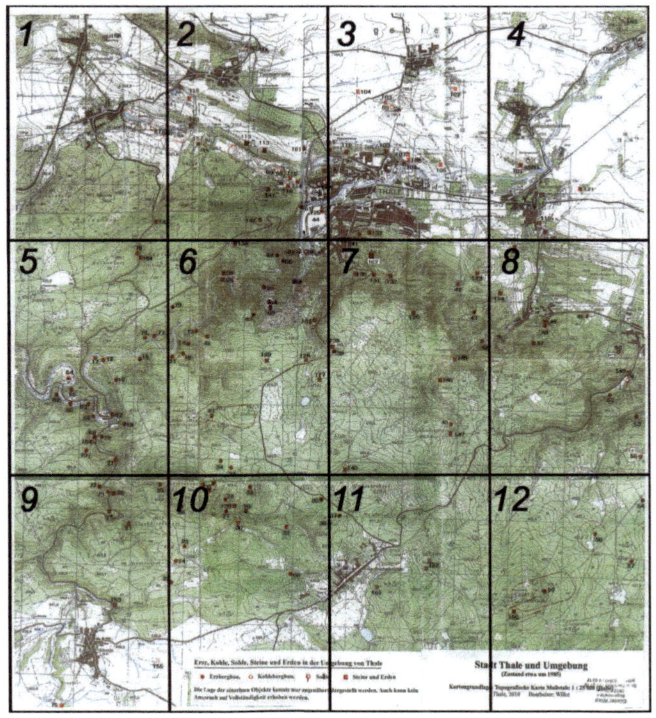

Erze, Kohle, Sole, Steine und Erden in der Umgebung von Thale

● Erzbergbau, ○ Kohlebergbau, ♀ Sole, ■ Steine und Erden

Die Lage der einzelnen Objekte konnte nur angenähert dargestellt werden. Auch kann kein Anspruch auf Vollständigkeit erhoben werden.

Karte: Stadt Thale und Umgebung
(Zustand etwa um 1985)
Kartengrundlage: Topografische Karte,
Maßstab 1:25.000
Bearbeiter: Günter Wilke, Thale, 2010
Kartenteile (Kt.) 1 -12 auf den Seiten (S.) 6 - 17

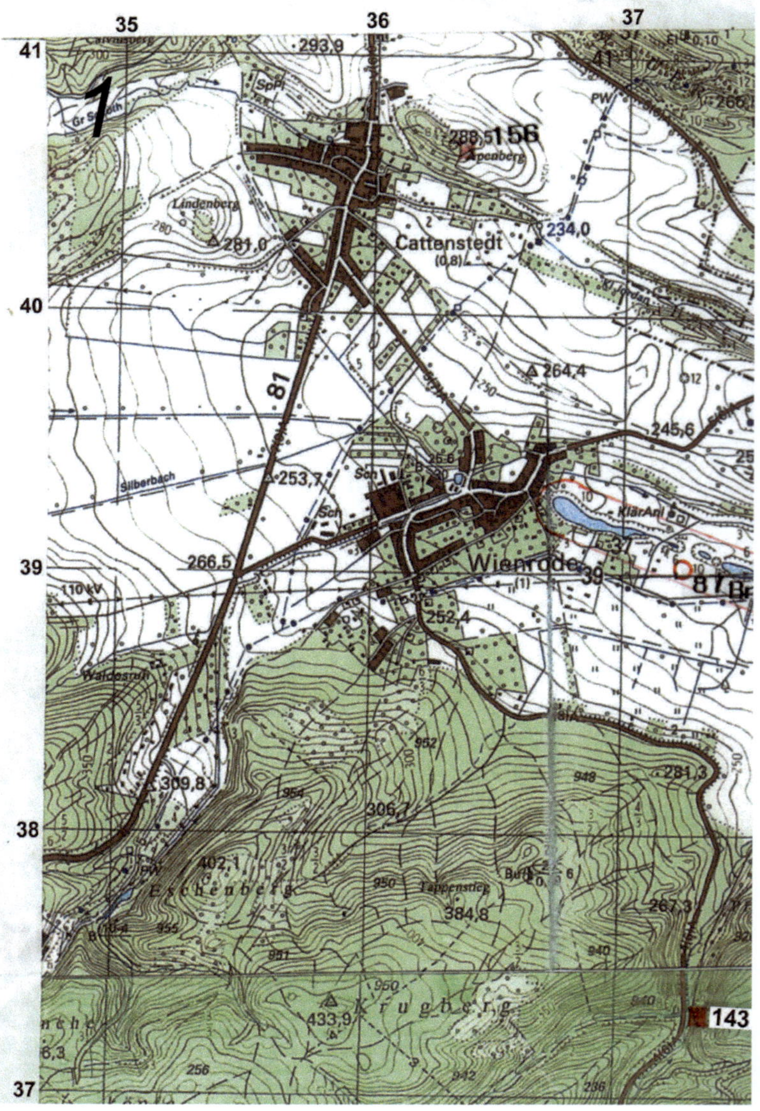

35
36
37
41
40
39
38
37
1
156
143
Cattenstedt
Wienrode
Lindenberg
Silberbach
Waldesruh
Eschenberg
Krugberg
Tappenstieg
KlärAnl
110 kV
293,9
288,5
234,0
281,0
264,4
245,6
253,7
266,5
252,4
309,8
306,7
281,3
402,1
384,8
267,3
433,9
81
87

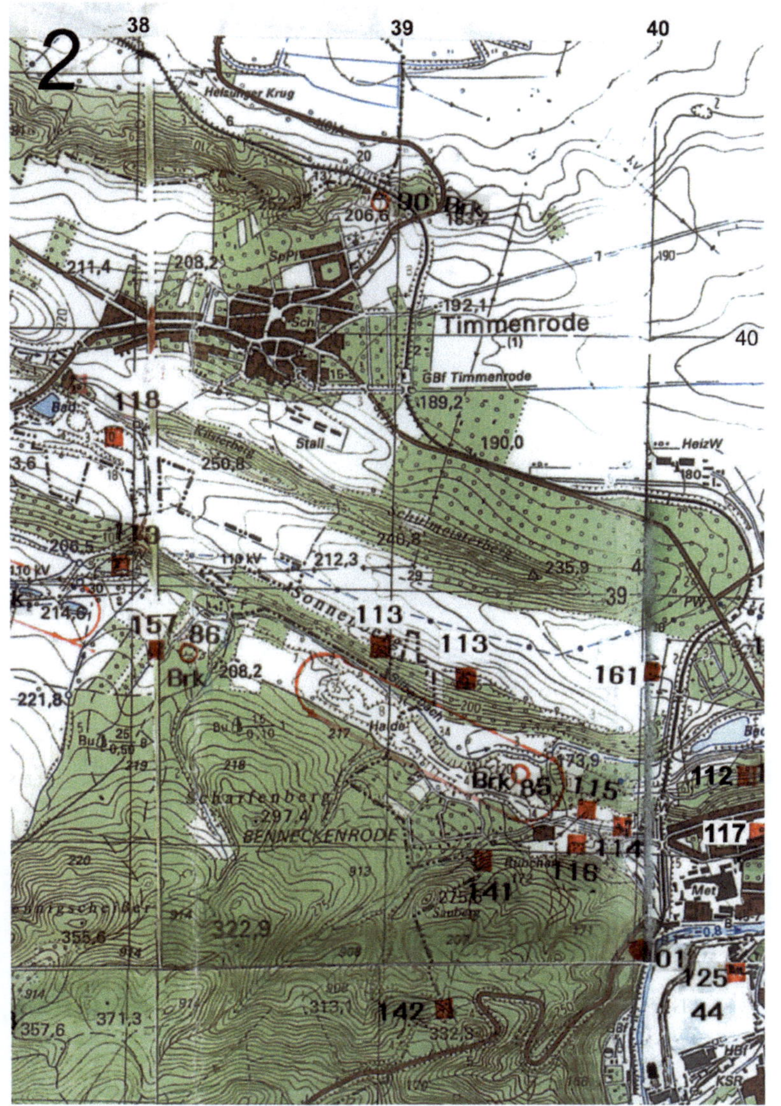
2
38
39
40
Helsunger Krug
90
Brk
206,6
183,2
211,4
208,2
192,1
Timmenrode
40
GBf Timmenrode
189,2
118
250,8
Stall
190,0
HeizW
206,5
110 kV
212,3
240,8
235,9
39
214,0
157
86
113
113
161
Brk
208,2
221,8
Halde
173,9
Brk
85
115
112
Scharfenberg
297,4
BENNECKENRODE
117
114
116
141
275,6
355,6
322,9
01
125
44
357,6
371,3
313,1
142
332,8

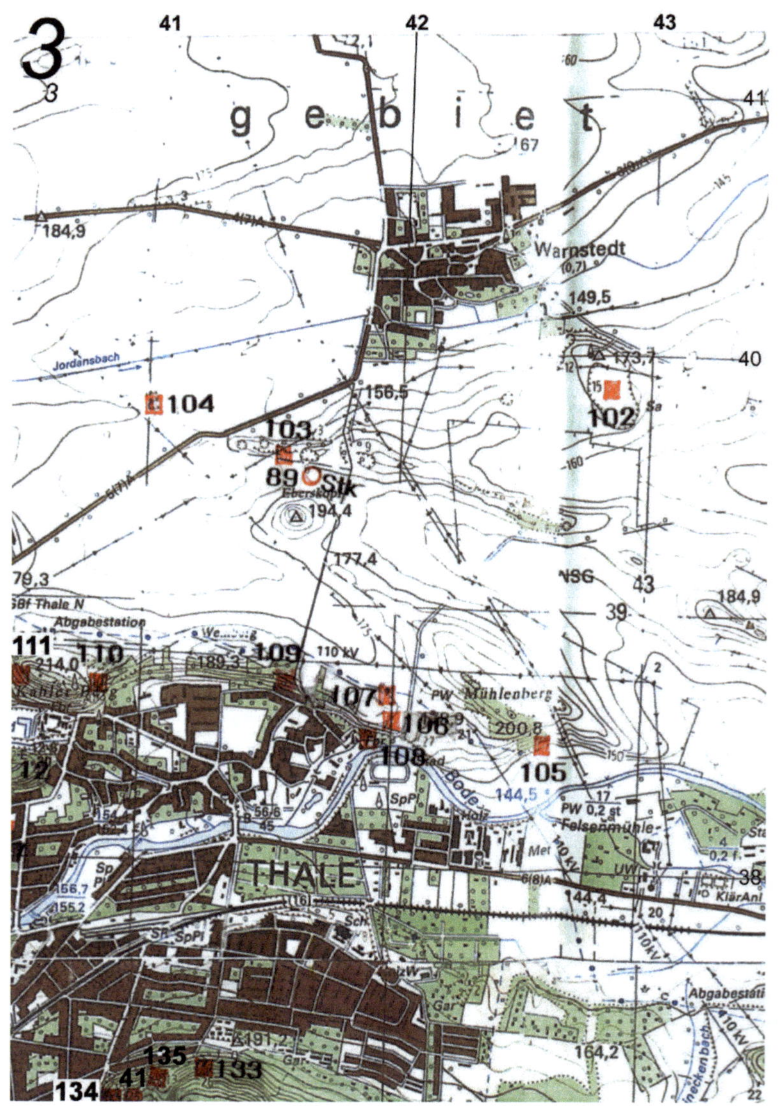
3
41
42
43
g e b i e t
184,9
Warnstedt
149,5
Jordansbach
104
103
102
89
Stk
194,4
156,5
173,7
177,4
NSG
39
40
110 kV
111
110
109
107
106
108
105
Mühlenberg
200,8
Bode
144,5
Felsenmühle
THALE
144,4
KlärAnl
38
Abgabestation
164,2
191,2
135
133
134
41

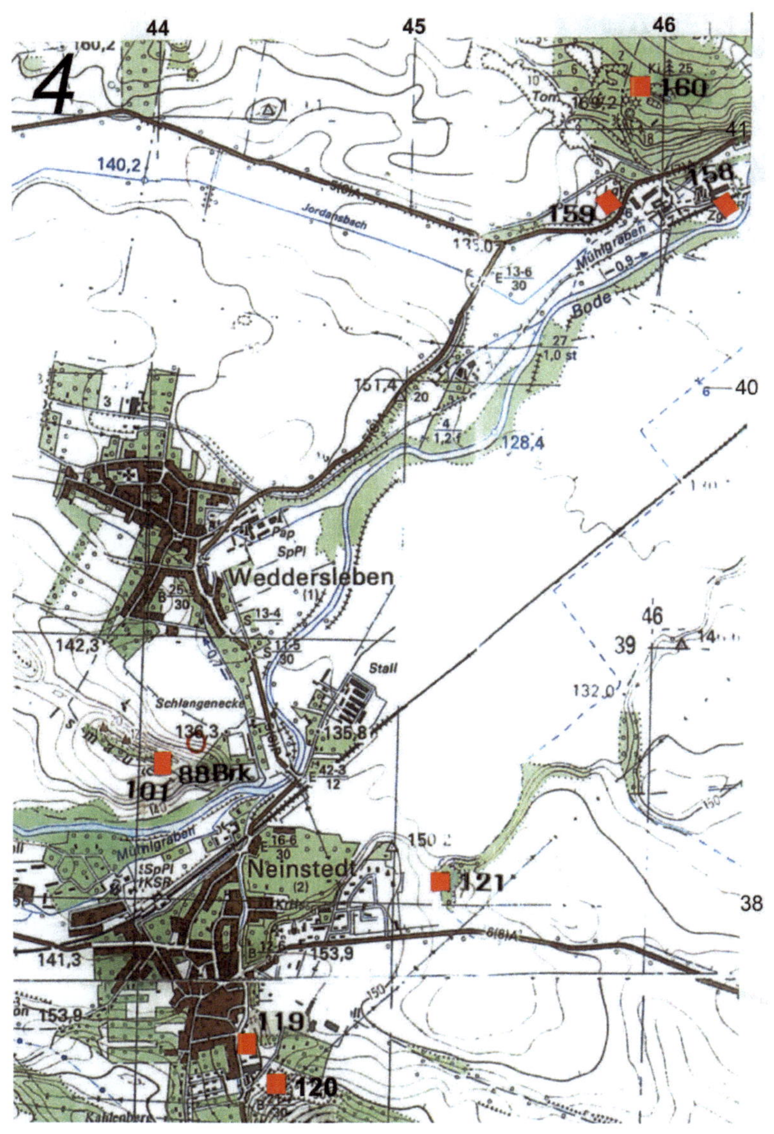
4
44
45
46
160
169,2
41
158
159
140,2
Jordansbach
Mühlgraben
Bode
151,4
40
128,4
Pap
SpPl
Weddersleben
Stall
142,3
46
39
Schlangenecke
132,0
136,3
135,8
88Brk
101
Mühlgraben
Neinstedt
121
38
141,3
153,9
153,9
119
120

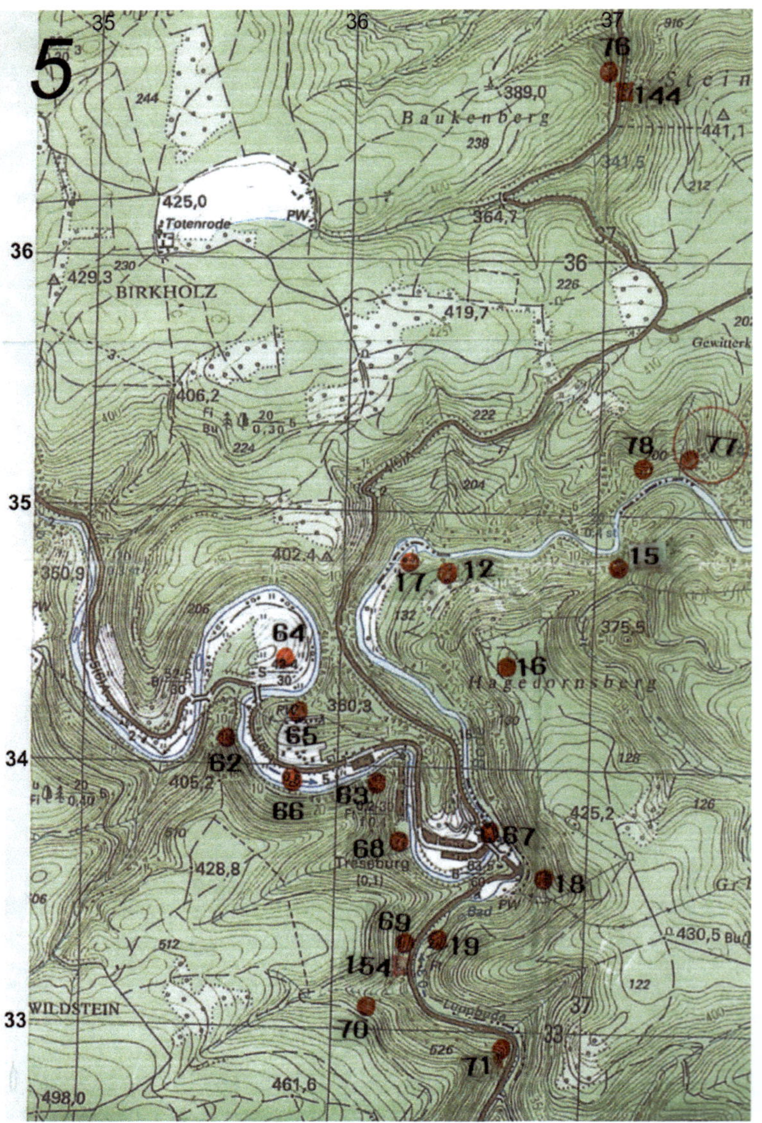
5
35
36
37
76
144
Baukenberg
389,0
441,1
425,0
Totenrode
PW
364,7
36
429,3
BIRKHOLZ
419,7
Gewitterk
406,2
78
77
35
402,4
17
12
15
350,9
64
16
375,5
Hagedornsberg
360,3
65
62
34
405,2
66
63
425,2
68
67
428,8
Treseburg
18
69
19
430,5
154
WILDSTEIN
33
70
71
498,0
461,6

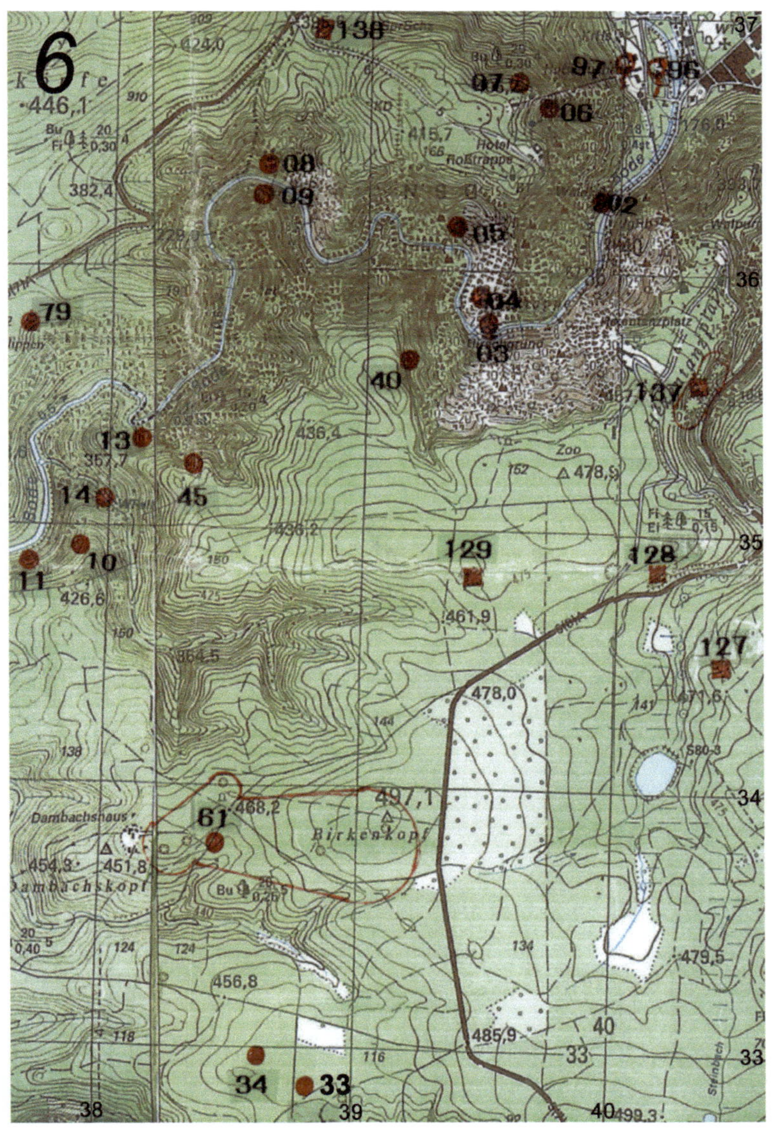
6
138
97
96
07
06
08
09
05
02
04
03
40
79
13
45
14
10
11
129
128
137
127
61
34
33
Birkenkopf
Dambachshaus
Dambachskopf
Hotel
Roßtrappe
Zoo

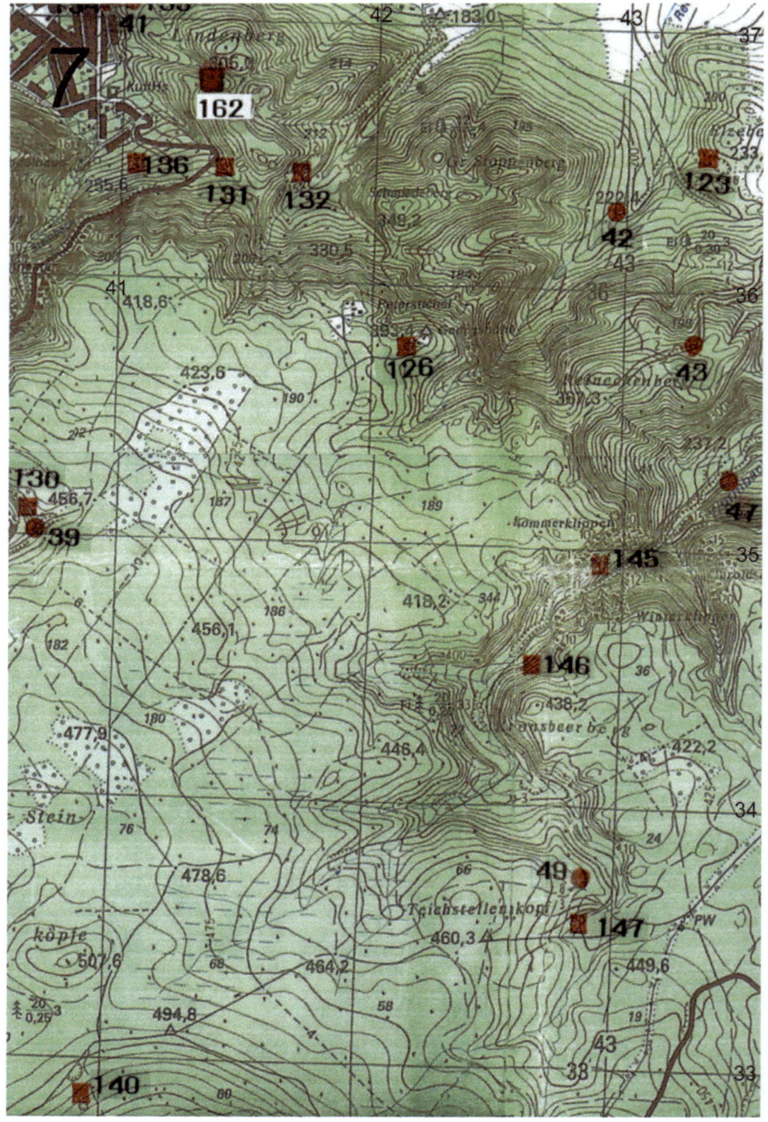
7
41
42
43
37
183,0
305,0
162
136
131
132
123
255,6
349,2
330,5
222,4
42
418,6
36
126
43
423,6
130
456,7
39
47
Kommerklippen
145
35
418,2
456,1
Winterklippen
146
438,2
477,9
446,4
422,2
Stein-
34
478,6
49
Teichstellenkopf
147
köpfe
507,6
460,3
464,2
449,6
494,8
43
33
140

8
122
124
148
48
46
51
50
149
98
52
53
55
Stecklenberg
Bad Su
Großer Silgenstieg
Münchenberg
Steigerkopf
Viktorsklippen
Kupferb
Großer
NSG
110 kV
44
45
46
37
36
35
34
33

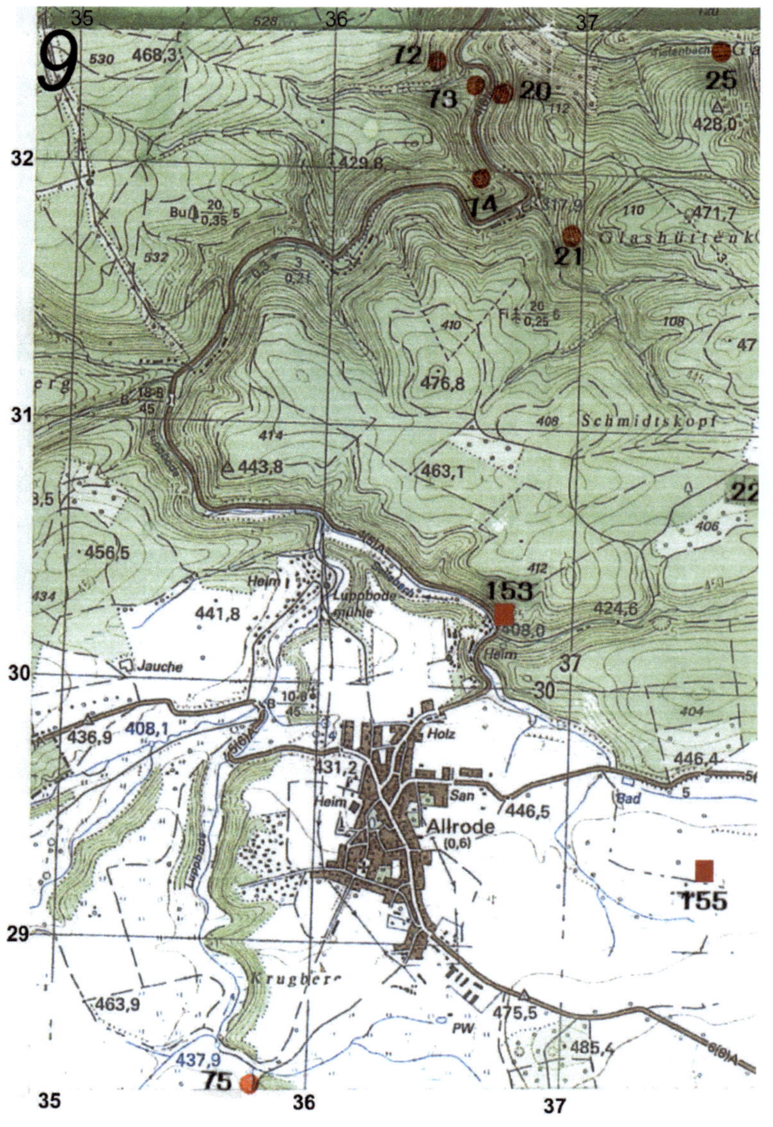
9
72
73
20
25
74
21
153
155
75
22
Allrode
Schmidtskopf
Luppbodemühle
Krugberg
35
36
37
32
31
30
29

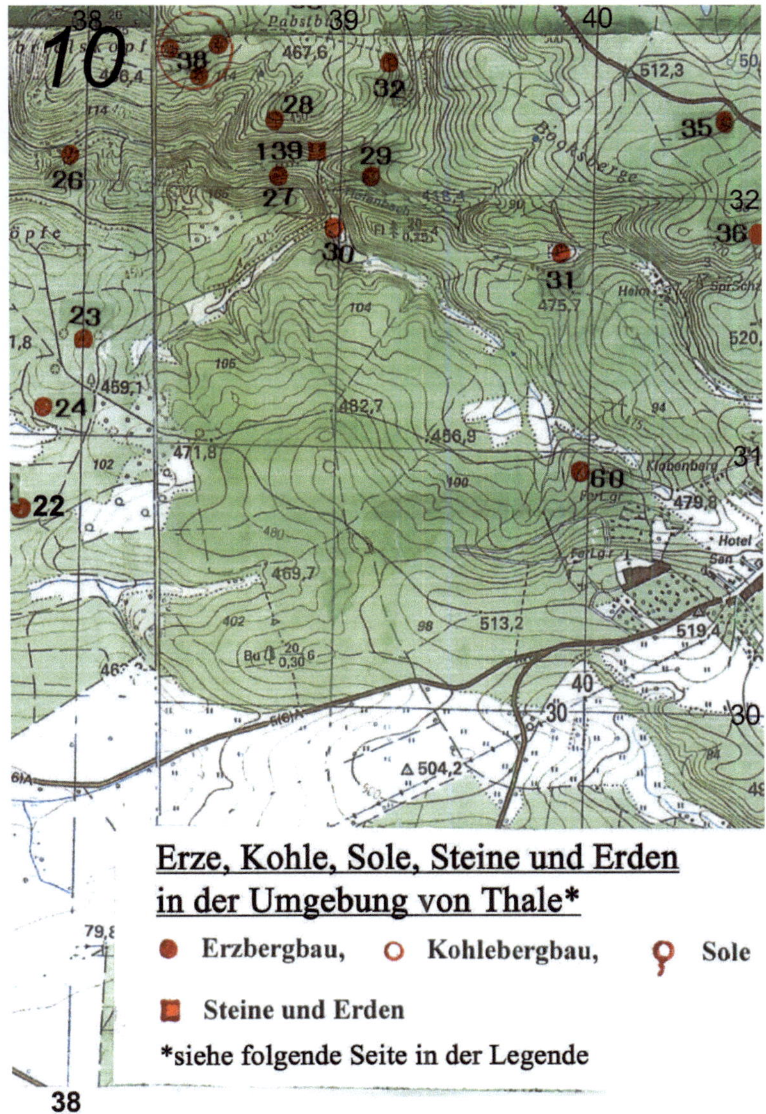

Erze, Kohle, Sole, Steine und Erden in der Umgebung von Thale*

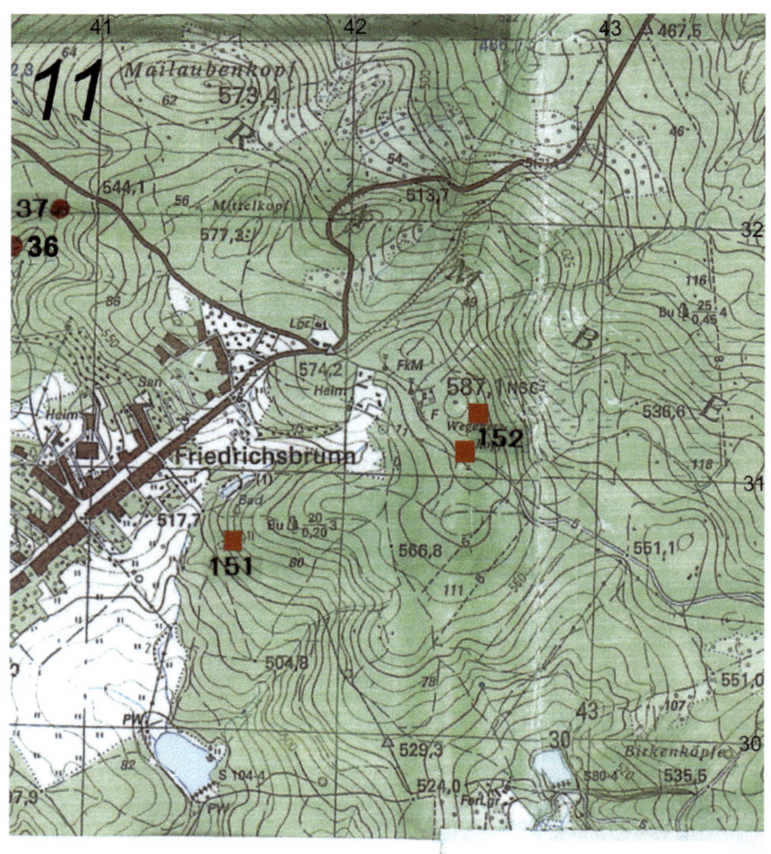

*Die Lage der einzelnen Objekte konnte nur angenähert bestimmt werden.
Auch kann kein Anspruch auf Vollständigkeit erhoben werden.

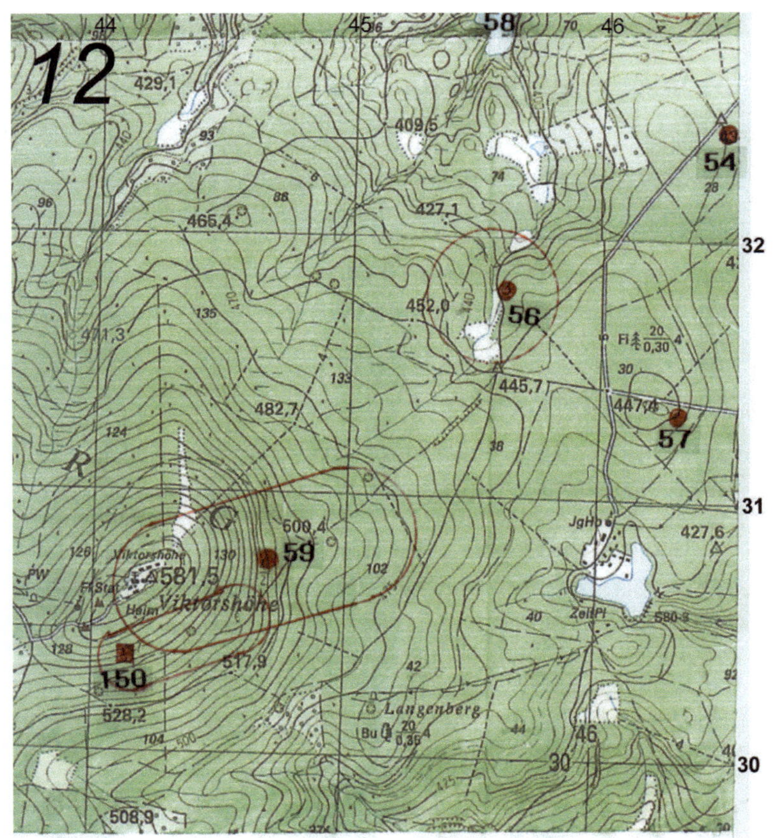

Stadt Thale und Umgebung

(Zustand etwa um 1985)

Kartengrundlage:
Topgrafische Karte Maßstab: 1:25 000 (Halle)
Thale, 2010   Bearbeiter: Wilke

Erz – und Mineralbergbau

01. Stollen unter der Wolfsburg (Kartenteil 2, Seite 7 = Kt. 2, S. 7)

Unmittelbar am westlichen Stadtende von Thale, unter der Wolfsburg, befand sich direkt am Weg zwischen der Roßtrappenchaussee am ehemaligen Bahnübergang und dem Bahnhof Bodetal das Mundloch eines kurzen Stollens. Er ist mit dem Weg verstürzt (Eventuell auch die Steinkohlenmutung „Christiana“?).

02. Schallloch (Kt. 6, S. 11)

Dieser auch Schallhöhle genannte kurze Stollen ist etwa 12 m lang. Er liegt unmittelbar am Waldweg auf der linken Bodeseite gegenüber dem Hotel Waldkater (Jugendherberge). Der Stollen ist heute mit Standwasser gefüllt und gesichert. Es ranken sich einige Geschichten und Sagen um dieses Bergbaurelikt. Die zwei Einschläge am Aufgang des Präsidentenweges haben hingegen mit Bergbau nichts zu tun. Dort sollte 1945 von italienischen Kriegsgefangenen ein Luftschutzstollen errichtet werden.

03. Stollen am Gasthaus Königsruh (Kt. 6, S. 11)

Am beliebten Ausflugsziel des Bodetales, dem Gasthaus Königsruh, befindet sich ein alter Stollen. Das Mundloch liegt direkt hinter dem Kiosk und wird vom Wirt als kühler Lagerraum genutzt. Auch um diesen Stollen sind einige Geschichten und Sagen in Umlauf.

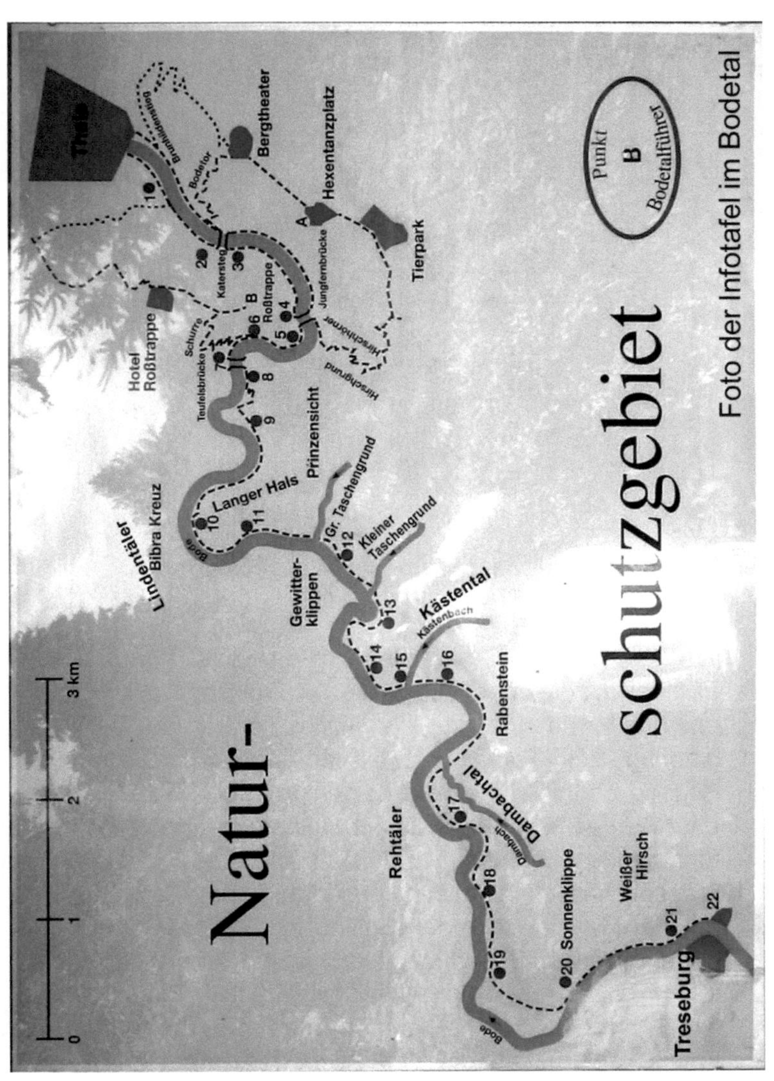
Natur-
schutzgebiet
Foto der Infotafel im Bodetal
Punkt
B
Bodetalführer
0
1
2
3 km
Thale
Bodetor
Bergtheater
Hexentanzplatz
Tierpark
Katersteg
Roßtrappe
Jungfernbrücke
Hotel
Roßtrappe
Schurre
Teufelsbrücke
Hirschgrund
Prinzensicht
Lindentäler
Bibra Kreuz
Langer Hals
Gr. Taschengrund
Kleiner
Taschengrund
Gewitter-
klippen
Kästental
Kästenbach
Rabenstein
Dambachtal
Rehtäler
Sonnenklippe
Weißer
Hirsch
Treseburg
Bode

Gasthaus Königsruh im Bodetal

04. Stollen zwischen dem Gasthaus Königsruh und der Schurre (Kt. 6, S. 11)

Am alten Bodetalweg befindet sich ein etwa 16 m langer, völlig trockener Stollen, der im Volksmund Zinnoberhöhle genannt wird. Der Stollen liegt an der Verbindung zur Teufelsbrücke und ermöglichte den Zugang dorthin, bevor die beiden Hängebrücken gebaut wurden. Der Name Zinnoberhöhle ist jedoch irreführend, denn Zinnober wurde dort nicht abgebaut. Das wissenschaftlich Cinnabarit genannte Mineral stammt aus der Mineralklasse der „Sulfide und Sulfosalze" mit der chemischen Zusammensetzung HgS und ist damit chemisch gesehen ein Quecksilbersulfid. Zinnober wurde auf Grund seiner intensiven roten Farbe früher häufig als Farbpigment in der Malerei verwendet. Eventuell wurde dort ein ähnlich farbiges Mineral abgebaut.

Der Stollen ist von der Schurre aus völlig gefahrlos erreichbar, dennoch aber mit einem Gitter verschlossen.

05. Stollen, oben an der Schurre (Kt. 6, S. 11)

Der Stollen liegt im oberen Drittel der Schurre, bodeaufwärts hinter einer Spitze dieses Weges, an einem kleinen Felsen.

Die Schurre ist eine Blockhalde in der Bodeschlucht. Ein darin angelegter Weg führt über 18 Spitzkehren vom Bodetal zur Roßtrappe. Die Blockhalde befindet sich in langsam rutschender Bewegung, besonders bei stärkeren Regen „schurren" die Blöcke teils hörbar zu Tal.

Der Stollen ist mit Standwasser gefüllt, was ihn derzeit unbefahrbar macht. Einige Versuche, so eine Ausleuchtung mit einer Taschenlampe, geben Anlass zu der Annahme, dass die Länge des Stollens eher gering ist.

Bei einem eventuellen Besuch ist Vorsicht geboten, da die kleine Fläche vor dem Mundloch unmittelbar zum Steilhang abfällt.

06. Stollen am Roßtrappenlift (Kt. 6, S. 11)

Dieser Stollen unmittelbar an der Trasse des Roßtrappenlifts wird auch als Roßtrappenhöhle oder Turmalinstollen bezeichnet. Turmalin ist eine allgemeine Bezeichnung für bunte Schmucksteine. Die Turmalingruppe besteht aus einer Mischreihe kristallisierender Ringsilikate mit komplexen chemischen Zusammensetzungen. Entsprechend der chemischen Bestandteile, insbesondere der enthaltenen Metalle, können sie in fast allen Farben auftreten. Bekannte Turmaline sind unter anderem Saphire, Smaragde und Rubine.

Reste von Turmalin beweisen zweifelsfrei dessen Abbau in diesem Stollen.

Roßtrappenlift bei Thale

Zu erreichen ist dieser kurze Stollen, mit einem Einschlag am Mundloch, am besten über einen fast zugewachsenen Weg unterhalb der Roßtrappe, oder von dem oberen, die Trasse kreuzenden Wanderweg zur Roßtrappe.

Die teilweise in Thale umgehende Auffassung, dass dort ehemals Grundstoffe zur Emailleherstellung im Hüttenwerk gewonnen wurden, ist nicht haltbar.

07. Fundpunkt des Bergbaufeldes „Glückauf Roßtrappe“ (Kt. 6, S. 11)

Etwas nordwestlich des Funkmastes an der Endstation des Roßtrappenlifts befinden sich zwei kleine Schürfe, welche als Fundpunkte des oben genannten Feldes dokumentiert sind. Trotz einiger Eisennachweise sind diese Schürfstellen bedeutungslos.

08. Fundpunkt des Bergbaufeldes „Roßtrappe bei Thale“ (Kt. 6, S. 11)

Dieser Fundpunkt ist nicht mit dem Bergbaufeld „Roßtrappe bei Treseburg“ zu verwechseln, welches außerhalb der Stadtgrenze in unmittelbarer Nähe zum Braunschweigischen liegt. Die genaue Verortung liegt im heute nicht mehr so bezeichneten „Stürzental“, unmittelbar östlich der ehemaligen Grenze Preußen-Braunschweig.

Unser Fundpunkt hingegen ist infolge der noch vorhandenen, gut erhaltenen Versteinung ohne Schwierigkeiten zu verfolgen. Das Bergbaurelikt ist ein kleiner verstürzter Stollen, unmittelbar über dem Bodelauf am Grenzstein Nr.100. Er ist schwer zu erreichen, am günstigsten noch bei Niedrigwasser vom „Langen Hals“ aus.

09. Stollen am „Langen Hals“ (Kt. 6, S. 11)

Etwa 1,5 m über der Wasserlinie der Bode befindet sich unterhalb des Wanderweges im Bogen des „Langen Hals“ ein 11 m langer Stollen auf einem aufgefahrenen Gang auf Flussspat und Schwefelkies. Die Fortsetzung ist vermutlich der am jenseitigen Ufer aufgefahrene Stollen. Von einer Befahrung des Stollens im Alleingang wird dringend abgeraten.

10. Bergbau am „Großen Rabenstein“ (Kt. 6, S. 11)

Am Großen Rabenstein haben umfangreiche Prospektionsversuche stattgefunden, die jedoch vermutlich alle erfolglos waren. Neben zwei kleinen Stollen sind noch mehrere Einschläge und Schürfe gut zu erkennen. Eine Befahrung dieses interessanten Gebietes ist nicht ungefährlich und sollte auf keinen Fall im Alleingang erfolgen.

11. Alter Schacht am Fuße des „Großen Rabensteins“ (Kt. 6, S. 11)

Dieser Schacht befindet sich etwa 8 m über dem Bodetalwanderweg an der Stelle am Westfuß des Großen Rabensteins, an der die Bode fast einen rechten Winkel beschreibt. Der Schacht ist teilweise eingestürzt und hat noch eine Teufe von etwa 3 m und einen relativ großen Querschnitt.

Leider ist über die Bedeutung dieses Schachtes nichts bekannt. Es könnte sich jedoch um den Fundpunkt des Bergbaufeldes „Emmas Freude“ handeln. Gegenüber, auf der linken Bodeseite, liegt das interessante Bergbaugebiet der Rehtäler im ehemals braunschweigischen Gebiet. Dort befinden sich mehrere Stollen und sonstige Überreste des ehemaligen Bergwerkes „Caroline“.

12. Prospektionsversuche am unteren Brummershals (Kt. 5, S. 10)

Unmittelbar am Bodetal-Wanderweg, an der rechten Bodeseite, etwa auf der Höhe des Lautestromes, befinden sich die Reste kleiner Schürfversuche an der Bergseite des Weges. Einige Quarztürmen sind noch erkennbar, sonst völlig bedeutungslos.

13. Heuscheune im Bodetal (Kt. 6, S. 11)

Obgleich nicht direkt den bergbaulichen Aktivitäten zuzuordnen, soll dieser natürliche Aufschluss in dieser

Aufzählung mit Erwähnung finden, zumal er in einem bergbaulichen Umfeld liegt. Dieser relativ große natürliche Hohlraum befindet sich unmittelbar an der Stelle, an welcher die Bode einen s-förmigen Verlauf nimmt. Diese „Höhle“ ist nicht ganz leicht zu erreichen. Am Bodetal-Wanderweg befindet sich an der bezeichneten Stelle ein Geröllfeld, an dessen oberem Ende dieses interessante Objekt liegt. Links davon liegt der sogenannte „Kleine Taschengrund“. Oberhalb, am Übergang zur Hochfläche, sind einige bergbauliche Aktivitäten zu erkennen, welche jedoch am besten über das Hochplateau zu erreichen sind. Dort befinden sich ein kleiner Schacht und mehrere Pingen. Zudem ist ein kleiner Stollen, dessen Mundloch einen schönen Blick ins Bodetal gestattet, dort aufzufinden. Unterlagen über diese Aktivitäten sind nicht bekannt.

14. Altbergbau im Kästental (Kt. 6, S. 11)

Unmittelbar an dem kleinen Wasserfall mit der alten Eibe, mitten im Naturschutzgebiet, befinden sich an der rechten Bachseite zwei verstürzte und nur noch schwer erkennbare alte Stollen. Gegenüber, an der linken Bachseite, sind ein größerer Aufschluss und Einschlag erfolgt. Über diese bergbaulichen Aktivitäten liegen keine Erkenntnisse vor.

15. Schachtversuch auf dem Brummershals
(Kt. 5, S. 10)

Am Wanderweg vom Hagedornsberg zum Bodetal befindet sich an der Stelle, an der dieser Weg eine scharfe Linkskurve macht – etwas abseits – ein geringer Schachtversuch im anstehenden festen Gestein.

Zudem sind geringe Schürfarbeiten erkennbar. Auch hier liegen keine näheren Erkenntnisse vor.

16. Zwei Schächte am Hagedornsberg (Kt. 5, S. 10)

An dem Wanderweg, welcher vom Hagedornsberg in Richtung Lautestrom abwärts führt, befinden sich zwei Schächte. Der obere davon, fast an der Hochfläche liegend, ist sauber ausgeführt. Dagegen befindet sich der zweite in der mittleren Hanghöhe und ist verstürzt, aber noch deutlich zu erkennen. Ob es sich bei diesen Schächten um die mehrfach erwähnten „Hagedornschächte“ handelt, scheint wahrscheinlich, ist jedoch nicht nachzuweisen.

17. Eine alte Hütte am Lautestrom (Kt. 5, S. 10)

Auf dem Bodetal-Wanderweg, an der rechten Seite der Bode, hinter dem Hagedornberg, dort wo die Bode ein kurzes Stück weiter einen Schwenk nach Osten macht, befindet sich ein wiesenartiges Gelände. Auf diesem Terrain befindet sich eine alte Hüttenstelle. Der etwa 450 m lange Obergraben, die Radstube und der Auslauf (Untergraben) sind noch deutlich zu erkennen. Eine relativ große, mittlerweile überwachsene, Eisenschlackehalde lässt auf einen längeren Betriebszeitraum schließen. Jedoch konnten keine aussagekräftigen Unterlagen ausfindig gemacht werden. Dass es sich bei der Hüttenanlage dennoch um eine ältere Hütte als die des Eisenhüttenwerkes Thale handelt, ist wahrscheinlich. Beweise für diese Vermutung können jedoch nicht vorgelegt werden, da archäologische Untersuchungen noch ausstehen.

18. Bergbau am „Weißen Hirsch" (Kt. 5, S. 10)

Kirche in Treseburg

Unmittelbar gegenüber der Kirche und den anderen Gebäuden am Ortsausgang von Treseburg in Richtung Allrode, befinden sich kurz oberhalb der Einmündung der Luppbode in die Bode, am rechten Ufer – also auf preußischem Gebiet – ein Stollen und ein Schacht. Der Stollen ist wohl noch immer zugänglich. Allerdings ist er etwas schwierig zu erreichen, denn der Weg dorthin führt von der Brücke über die Luppbode auf einem ehemaligen Weg etwa 100 m flussaufwärts.

Der Stollen ist noch gut befahrbar (2010). Er hat etwa eine Länge von 25 m und einige kleine Strecken. Darunter versteht man einen Grubenbau, der annähernd söhlig oder mit geringer Neigung verläuft und einen regelmäßigen, ziemlich gleichbleibenden Querschnitt besitzt. Im Gegensatz zum Stollen verfügen Strecken über keine eigene Tagesöffnung, sondern münden in einen Schacht oder gehen von einem anderen Grubenbau aus. Zudem befindet sich ein Gesenk im Stollen. Im Bergbau bezeichnet Gesenk einen von oben nach unten hergestellten, abgesenkten Blindschacht.

Der etwa 10 m höher angesetzte Schacht hat noch eine Teufe von 12,5 m und ist zum Stollen durchschlägig. Warum er aufwendig modern überbaut wurde, ist nicht nachvollziehbar. Ob dieses Objekt mit dem im 18. Jahrhundert erwähnten Bergbau am „Weißen Hirsch" identisch ist, kann vermutet werden, ist jedoch nicht sicher.

19. Alte Radstube und Graben im Luppbodetal (Kt. 5, S. 10)

Etwa 300 m im Luppbodetal aufwärts befindet sich auf der rechten Flussseite eine alte Radstube. Der unmittelbar vorbeiführende Wanderweg ist infolge seines gleichmäßig erarbeiteten Gefälles sicherlich als ein ehemaliger Graben anzusehen. Er endet 300 m flussaufwärts im Bett der Luppbode. Etwas unterhalb der Radstube ist zudem eine kleine Pinge zu erkennen.

20. Grube „Frieda" im Luppbodetal (Kt. 9, S. 14)

Etwa 500 m Luftlinie südlich von Treseburg befindet sich rechtsseitig der Luppbode, unmittelbar am Wanderweg nach Allrode, das sehr alte Bergwerk „Frieda".

Dort sind zwei Stollen in das anstehende Gebirge getrieben worden. Während der rechte Stollen mit ca. 20 m relativ kurz ist, beträgt die Länge des linken Stollens etwa 164 m. Vor dem linken Stollen, sowie einige Meter hinter den Mundlöchern der beiden Stollen, befinden sich Gesenke. Während der rechte verstürzt ist, sind die beiden in den Stollen getriebenen Gesenke heute mit Wasser gefüllt und in der Teufe verbunden. Im linken Stollen befinden sich noch weitere Gesenke, sowie einige kleine Suchörter und Abbaulinsen. Die Stollen sind verschlossen, da die Gefahr besteht in die wassergefüllten Gesenke zu fallen.

Steg über die Luppbode bei Allrode

21. Fundpunkt im Rabental (Kt. 9, S. 14)

Östlich der Einmündung des Rabentalbachs in die Luppbode befindet sich in etwa 200 m Entfernung, am Hang der rechten Bachseite, ein kleiner Aufschluss. Dieser befindet sich etwa 25 - 30 m über dem Bachgrund. Er ist durch mehrere Quarzbrocken mit geringen Einschlüssen von Schwefelkies zu identifizieren. Dieser Fundpunkt ist wohl dem Bergbaufeld „Hans war unbedacht“ zuzuordnen.

22. Pingengebiet um den „Witwenkopf"
(Kt. 10, S. 15)

In dem Gebiet zwischen der Echowiese und dem südlich davon gelegenen Bachtal befinden sich verstreut einige kleine Pingen. Sie sind wohl nur als Versuche zu deuten und sind bedeutungslos.

23. Pingen an den „Glashüttenköpfen"
(Kt. 10, S. 15)

Die Glashüttenköpfe liegen im Forst zwischen Treseburg und Allrode. Diese Berge haben ihren Namen von einer frühen Glashütte, die dort betrieben wurde. Dort befindet sich eine Vielzahl von kleinen und mittelgroßen Pingen. Unterlagen darüber sind nicht bekannt. Die Glashütte, die bis zum Ende des 17. Jahrhunderts betrieben wurde, könnte dort Quarz gebrochen haben.

24. Die Glashütte an der Echowiese (Kt. 10, S. 15)

Auch wenn bei einer Glashütte kein unmittelbarer Zusammenhang zum Bergbau besteht, soll dieser alte Hüttenstandort dennoch hier seine Erwähnung finden. Die Hütte an der Echowiese wurde bis zum Ende des 17. Jahrhunderts betrieben. Ihre Reste sind genau auf der braunschweigisch-preußischen Grenze zu finden, und zwar zwischen den Grenzsteinen 77 und 78 sowie in deren näherer Umgebung.

25. Mutung „Elfriede" im Tiefenbachtal
(Kt. 9, S. 14)

Eine Mutung ist ein Antrag eines Muters (Finder eines Minerals) bei einer Bergbaubehörde auf Bewilligung einer Genehmigung zum Bergbau. Nach den neueren deutschen, preußischen, sächsischen und österreichischen Berggesetzen begründete die den gesetzlichen Erfordernissen entsprechende Mutung einen Rechtsanspruch auf Verleihung des Bergwerkseigentums.

Etwa 800 m vor der Einmündung des Tiefenbachs in die Luppbode befinden sich bachaufwärts, an der linken Bachseite, zwei kleine Stollen. Hierbei handelt es sich um die Mutung „Elfriede“, welche um 1860 auf Kupfer verliehen wurde. Ein Betrieb wurde jedoch nie aufgenommen.

26. Stollenrösche im Tiefenbachtal (Kt. 10, S. 15)

Als Rösche wird im Bergbau unter anderem die Wasserseige, eine Rinne zur Wasserableitung im unteren Bereich des Stollens, bezeichnet, die jedoch bis über den Stollen hinaus reichen kann.

An der linken Seite des Tiefenbachs, etwa 150 m unterhalb der Einmündung eines kleinen Seitentales, befindet sich wohl eine Rösche, an deren Ende ein verstürzter Stollen gelegen haben könnte. Jedoch kann ein entsprechender Nachweis dafür nicht erbracht werden. Eventuell handelt es sich hierbei auch nur um einen Schürfgraben.

27. Grube „Glückauf Tiefenbach“, früher „Johanne“ und „Max“ (Kt. 10, S. 15)

Diese Grube wurde über mehrere Jahrhunderte betrieben, wohl vom 16. bis zum Anfang des 20. Jahrhunderts – vielleicht sogar noch früher –, wenn auch mit einigen Unterbrechungen. Die Hinterlassenschaften des Bergwerkes sind im Gelände noch deutlich auszumachen. Es liegt unmittelbar westlich der Kreuzung des Weges von Thale-Allrode und des Tiefenbachtal-

Weges. Auszumachen sind noch folgende Relikte: zwei wassergefüllte Schachtpingen, zwei noch befahrbare Stollen, mehrere Pingen am Hang, ein Schacht (-versuch?) unterhalb des sogenannten Pionierweges, ein Lochstein (Als Lochstein bezeichnet man im Bergbau einen Grenzstein, der die Eigentumsgrenze an einem Bergwerk markiert), der Kunstgraben, zwei Radstuben sowie eine Staustufe. Von der überlieferten Hütte hingegen ist nichts mehr auffindbar. Dieses Gesamtobjekt ist eines von wenigen im Berichtsgebiet, welches als wirkliches Bergwerk im herkömmlichen Sinn angesehen werden kann.

28. Schacht im Forstrevier 113 (Kt. 10, S. 15)

Dieses Objekt befindet sich in einer Höhe von 460 m üNN, auf einer Anhöhe im genannten Forstrevier. Der Schacht liegt nördlich der Grube Nr. 27, oberhalb des Pionierweges. Ob ein Zusammenhang zu Nr. 27 bestand ist nicht nachzuweisen, ebenso wenig wann der Schacht abgeteuft wurde. Auf mehreren alten Karten und Plänen wird er als „Alter Schacht“ bezeichnet. Seine noch nachweisbare Teufe beträgt etwa 6 m. Ob noch untertägige Strecken (Stollen) vorhanden sind, ist nicht mehr nachzuweisen, jedoch anzunehmen. Eine Klärung könnte nur durch die Beräumung der Sohle erreicht werden.

29. Stollenröschen unterhalb der Quarzklippe
(Kt. 10, S. 15)

Unmittelbar östlich der Kreuzung des Weges Thale-Allrode mit dem Tiefenbachtal-Weg befindet sich am Hang eine auffällige Quarzklippe. Unterhalb derselben liegt eine Stollenrösche nebst einer kleinen Halde. Das

Mundloch des dort zu vermutenden Stollens ist verbrochen. Die Größe der Halde lässt nur auf eine Mutung schließen.

30. Teich am Schlackenborn (Kt. 10, S. 15)

Etwas oberhalb der Kreuzung des Weges Thale-Allrode mit dem Tiefenbachtal-Weg in Richtung Allrode befindet sich linksseitig des Weges die verlandete Stelle eines kleinen Teiches. Dieser staute das Wasser des durchfließenden kleinen Baches, um Aufschlagwasser für die Grube „Glückauf Tiefenbach“ (Nr. 27) zu haben.

31. Teich im Tiefenbachtal (Kt. 10, S. 15)

Dieser Teich wurde im 18. Jahrhundert zum Stau von Aufschlagwasser für die Grube „Glückauf Tiefenbach“ (Nr. 27) errichtet. Er liegt etwa einen Kilometer oberhalb der Grube, unmittelbar unterhalb der Einmündung der sogenannten Taubentränke in den Tiefenbach. Bei längeren Betriebsunterbrechungen wurde er vom Forst als Fischteich genutzt, welcher daraus sogar Eigentumsansprüche herleitete.

32. Bergbaugebiet an der Pabstburg (Kt. 10, S. 15)

Woher der Name des Forstortes Pabstburg abgeleitet ist, lässt sich nicht mehr feststellen. In diesem Gebiet, welches westlich eines Weges vom Hagedornweg zum Tiefenbachtal liegt und südlich vom Pionierbruch begrenzt wird, ging ein interessanter Bergbau um. Nachweisbar ist dieser um 1873, es kann jedoch vermutet werden, dass seine Anfänge viel älter sind. Neben verstürzten Stollen sind noch ein Mundloch, mit ebenfalls verstürztem Stollen und ein interessanter Aufschluss an einem Felsen zu lokalisieren. Zudem weist die Erdoberfläche an mehreren Stellen eindeutige Bearbeitungsspuren auf. Nach mündlichen Überlieferungen soll dort sogar auf Gold gemutet worden sein. Das ist nicht abwegig und auszuschließen, da Gold auch im Tiefenbachtal nachgewiesen ist, jedoch lediglich als Nebenprodukt.

33. Mutung Pabstburg (Kt. 9, S. 14)

Die Mutung befindet sich, als mit Müll bis auf 3 m verfüllte Schachtpinge, an der Ostseite des Weges vom Hagedornweg zum Gabrielskopf, etwa 250 m hinter dem Abzweig des Weges, unmittelbar hinter der Wiese. Wann dieser teilverfüllte ehemalige Schacht, dessen Teufe 14 m betragen haben soll, abgeteuft wurde, ist nicht bekannt. Die Mutung wurde im Jahr 1912 verliehen, ein Abbau erfolgte jedoch nicht.

34. Pingengebiet des Hagedornsweges (Kt. 9, S. 14)

Unmittelbar westlich des Weges, welcher hinter der Wiese am Hagedornsweg nach Süden abzweigt, befinden sich im Wald mehrere Pingen und eine kleine Halde. Unterlagen hierüber sind nicht bekannt und vermutlich handelt es sich um Versuchsbergbau, der jedoch wohl erfolglos blieb.

35. Die Gruben „Friedrich-Wilhelm“ und „Prinz Carl“ (Kt. 10, S. 15)

In direkter Nähe zur Straße von Thale nach Friedrichsbrunn, etwa 200 m östlich der sogenannten „Schirmbuche“, befinden sich zwei verfüllte Schächte. Trotz der geringen Entfernung voneinander haben sie nichts miteinander zu tun. Es handelt sich zum einen um das

Bergwerk „Prinz Carl“, welches 1869 auf Eisen gemutet wurde. Das entsprechende Grubenfeld zieht sich bis zur Taubentränke hin, wo es durch einen Stollen, an welchem jahrzehntelang die Wasserversorgung des Ortes Friedrichsbrunn angeschlossen war, erschlossen wurde (jetzt ein kleiner künstlicher Teich). Im gesamten Gelände befinden sich Schürfe und kleine Pingen.

Der zweite ehemalige Schacht gehört zu dem auf Kupfer- und Schwefel gemuteten Feld „Friedrich-Wilhelm“. Es wurde zudem auch Flußspat gefunden. Ob die erwähnten vier Gramm Gold je Tonne den Tatsachen entsprachen, kann heute nicht mehr nachgewiesen werden.

Beide Schächte, welche ursprünglich um die 20 m abgeteuft worden sein sollen, wurden 1938 neu erschlossen und zudem dokumentiert (Schwanecke 1949). Zudem wurden um 1958 erneut Schürfarbeiten in dem Gebiet durchgeführt, das Ergebnis ist jedoch nicht bekannt.

36. Grube „Anna“ bei Friedrichsbrunn (Kt. 10, S. 15)

Ort der ehemaligen Grube „Anna“ mit Bergbau-Infotafel

Dieses auf Eisenstein und Flussspat verliehene Feld befindet sich beidseitig des Waldweges, welcher von der B 240 südlich bis zur Taubentränke führt. Mehrere Pingen sowie drei verstürzte Schächte sind im Gelände noch deutlich auszumachen. Ebenso ein verstürztes Mundloch. Von 1860 bis 1886 wurde das Bergwerk mit Unterbrechungen, immer mit Zubuße, betrieben. Mit Zubuße bezeichnet man Beiträge, die der Anteilseigentümer (Gewerke) einer Bergrechtlichen Gewerkschaft an diese zur Erfüllung von Verbindlichkeiten zu entrichten hat. Das dort gewonnene Eisenerz wurde in Mägdesprung verhüttet.

37. Schacht im Grubenfeld „Bocksberg" (Kt. 11, S. 16)

In dem Winkel, den die B 240 und deren Abzweig auf die Alte Friedrichsbrunner Chaussee bilden, befinden sich eine kreisrunde alte Schachtpinge und in deren Nähe eine kleine Halde. Nach den zugänglichen Unterlagen könnte diese Pinge ca. 8 - 10 m abgeteuft sein. Vermutlich handelt es sich jedoch nur um einen Versuchsschacht.

38. Bergbau der ehemaligen SAG Wismut (später Wismut AG) am Gabrielskopf (Kt. 10, S. 15)

Dieses Feld wurde nach dem Ende des 2. Weltkrieges (etwa 1948 - 1952) durch vier Schächte erschlossen. Davon lagen drei auf dem Gabrielskopf. Diese sind heute verfüllt, nachdem ihre Verbühnungen um 1980 verbrochen waren. Der am Schmerlengrund befindliche vierte Schacht ist nur teilverfüllt und noch mehrere Meter einsehbar. Gemessen an seiner Schachthalde muss er eine beträchtliche Tiefe gehabt haben, oder es wurden weitere Untertagebauwerke (Strecken) erschlossen. Die ersten drei Schächte waren bis zu etwa 60 m abgeteuft. In ihrer Nähe sind noch die Ruinen der ehemaligen Energiezentrale (Dieselkompressor) auszumachen. Diese Grube war ein reiner Erkundungsbau. Die offizielle Bezeichnung für diese Objekte war, der damaligen Zeit entsprechend, „Jugendschächte".

39. Mutung „Steinbach" (Kt. 6, S. 11)

An der Kurve der B 240, zwischen der ehemaligen Försterei „Peterstichel" und dem Abzweig zum Hexentanzplatz, befindet sich etwas versteckt gegenüber der kleinen Brücke, unter welcher der Steinbach die Straße quert, ein kleiner Steinbruch. Unmittelbar rechts von diesem sind Schürfarbeiten erkennbar, welche sich in dem versumpften Gebiet unscheinbar fortsetzen. Die dortigen Arbeiten sind als „Mutung Steinbach“ dokumentiert. Diese wurde jedoch wegen zu geringer Erzmittel nicht anerkannt.

40. Bergwerk „Hoffnung Christine“ (Kt. 6, S. 11)

Dieses interessante Bergwerk, heute aus einem Stollen mit einer größeren Tagesöffnung bestehend, liegt unmittelbar am oberen Steilhang zur Bode, dem Roßtrappenfelsen genau gegenüber. Die an dieser Stelle leicht abfallende Hochfläche endet direkt über dem Bergwerk, welches erst erkennbar ist, wenn man ein Stück am Steilhang abwärts steigt. Am einfachsten ist es aufzufinden, indem man den Weg zur „Prinzensicht“ verfolgt, bis zu der Stelle, an welcher er sich abzusenken beginnt. Dort kreuzt eine Schneise den Weg, welcher nach rechts – Richtung Nordosten – bis zum Steilhang verfolgt werden muss, dann ein Stück weiter nach Südosten.

41. Verstürzter Stollen im Steinbruch an der Walpurgisstraße in Thale (Kt. 3, S. 8)

Dieser Stollen ist kein Bergbaurelikt, aber dennoch eine bergbauliche Hinterlassenschaft. Der Stollen befindet sich am Fuße des Steinbruches an der Walpurgisstraße. Er wurde während des 2. Weltkrieges als Luftschutzstollen für die anwohnende Bevölkerung aufgeschlossen. Seine zwei Mundlöscher sind heute verstürzt oder aber zugeschüttet worden. Ein Stollen gleicher Bauart und Nutzung befand sich in der

Hundesenke, in den Hang des Wolfsburgberges getrieben, von welchem nichts mehr erkennbar ist.

42. Mutung 1 „Helene III" im Stecklenberger Wald (Kt. 7, S. 12)

Diese Mutung war durch einen kleinen Stollen, dessen Mundloch noch erkennbar ist, erschlossen worden. Sie befindet sich unmittelbar an der linken Westseite des Reineckenteiches, unterhalb einer Quarzklippe. Es handelt sich dabei um einen Fundpunkt des Bergbaufeldes „Helene III", der auf Kupfer und Schwefel gemutet wurde.

43. Mutung 2 „Helene III" (Kt. 7, S. 12)

Dieser Fundpunkt auf Eisen im gleichen Bergbaufeld befindet sich in einem Hohlweg zur „Georgshöhe" am Reineckenberg: Er scheint bedeutungslos.

44. Das ehemalige Eisenhüttenwerk Thale (Kt. 2, S. 7)

Das Gelände des ehemaligen EHW Thale stellt keine unmittelbare bergbauliche Hinterlassenschaft dar. Da jedoch das Hüttenwesen in Thale eine lange Tradition hatte und somit den umliegenden Bergbau beförderte, soll es hier nicht vergessen werden.

Am Standort des ehemaligen EHW ist, bis auf einige Hallenreste und Neu- bzw. Erweiterungsbauten, eine sehr große freie Parkfläche entstanden. Sie befindet sich unmittelbar an der rechten Seite der Bode, südlich der Herz-Jesu-Kirche. Vorhanden sind noch Hallenreste des ehemaligen Kaltwalzwerks, des Walzwerks II, des Behälterbaus, des Gussmagazins und -versands sowie ein moderner Maschinenbaubetrieb. Sehenswert: das Hüttenmuseum, die dampfbetriebe, fast 100-jährige Walzenzugmaschine und die ehemalige Hauptverwaltung. Das Werk war – mit einigen Unterbrechungen im 18. Jahrhunderts – von 1686 bis zum Ende des 20. Jahrhunderts in Betrieb. Wegen Überalterung der Produktionsmittel, Missmanagement, Unwirtschaftlichkeit sowie Umweltproblemen und der damit verbundenen mangelhaften Produktivität wurden die einzelnen Betriebsteile nach und nach geschlossen. Während in den ersten Betriebsjahren die Qualität der Erzeugnisse zu einigen Betriebsschließungen führte, waren die Erzeugnisse im 19. Jahrhundert sowie in der ersten Hälfte des 20. Jahrhunderts zum Teil auf dem Weltmarkt führend – insbesondere in der Blechverarbeitung und -veredlung. Während der zwei Weltkriege war auch das EHW-Thale in die Rüstungsproduktion eingebunden. Durch die Entwicklung und Produktion von Granatführungsringen wurde erhebliches Potential in der Pulvermetallurgie angehäuft, wovon noch heute ein ehemaliger EHW-Betriebsteil profitiert.

45. Bergbaurevier im Forstrevier 160 (Kt. 6, S. 11)

Dieses Bergbaufeld ist erst kürzlich in das Blickfeld des Autors geraten, da es nirgends Erwähnung fand. Es hat eine ungefähre Ausdehnung von 120 x 80 m und befindet sich am Übergang des Forstreviers 160 zum Steilhang des Bodetales am „Kleinen Taschengrund“, fast in senkrechter Linie oberhalb der „Heuscheune“ (Nr. 13). Das Revier umfasst einen etwa 6 m langen Stollen, direkt am Absturz zum Tal (Zugang nur über eine Leiter möglich), mehrere Pingen unterschiedlicher Größen und Tiefe, einige Einschläge und einen teilverstürzten

Schacht. Die Maße von Schacht und Stollen und deren Bearbeitung lassen auf ein Alter von etwa 200 Jahren schließen. Merkwürdig ist, dass dieses relativ leicht zugängliche Objekt keine schriftliche Erwähnung gefunden hat und auch unter Fachleuten und fachkundigen Heimatforschern nicht bekannt war. Erst bei der Suche nach einem besseren Zugang zur „Heuscheune“ wurde das Bergbaurevier zufällig entdeckt. Bei Jägern und Forstleuten muss es jedoch bekannt sein, denn der Schacht wurde mit Maschendraht gesichert.

46. Grubenfeld „Anna VI“ (Kt. 8, S. 13)

Dieses kleine Grubenfeld befindet sich südlich der Straße Stecklenberg-Bad Suderode. Es ist lediglich noch durch eine kleine Binge erschlossen, welche jedoch älter sein kann. Der Fundpunkt liegt in der Nähe des Grenzsteins 27, am Übergang des Waldes zum Wiesengelände.

47. Bergbaugebiet am Wurmbachtal unterhalb der Lauenburg (Kt. 7, S. 12)

Unmittelbar südwestlich der Ortslage Stecklenberg befand sich beiderseits des Wurmbachs ein älteres Bergbaugebiet, welches 1938 neu erschlossen wurde. Es besteht aus einem Schacht und einem Stollen. Beide sind verstürzt, aber noch deutlich erkennbar – am Schacht ist die alte Halde noch teilweise erhalten. Der alte Stollen konnte infolge Verbruchs nicht vollständig aufgewältigt werden, auch über die Teufe des Schachtes können keine Aussagen getroffen werden.

Die Burgruine der Großen Lauenburg bei Stecklenberg auf einem 356,1 m ü. NHN hohen Bergrücken.

48. Fundpunkt des Bergbaugfeldes „Eduards Arbeit“ (Kt. 8, S. 13)

Dieses Feld befindet sich an der Südseite des Steinbruches, der als Objekt 148 folgt. Er liegt links des Weges zur Stecklenberger Radiumquelle; es ist ein kleiner Einschlag am Hang ist noch zu erkennen.

49. Bergbaugebiet „Katze“ (Kt. 7, S. 12)

Dieses durch einen verfüllten Schacht und mehrere Schürfgräben erschlossene Gebiet befindet sich westlich der ehemaligen Teichstelle an der alten Straße von Friedrichsbrunn nach Bad Suderode. Der Schacht liegt unmittelbar am Weg, welcher aus dem Wurmbachtal am ehemaligen Teichdamm in etwa 200 m Distanz bergaufwärts nach Westen abzweigt. Die Stelle des ehemaligen Schachtes ist noch deutlich auszumachen. Ob jedoch der verlandete Teich mit dem Bergwerk in direktem Zusammenhang stand, kann nicht nachgewiesen werden.

50. Die Weidlingshöhle (Kt. 8, S. 13)

In einem Pingengebiet bei Bad Suderode, östlich der Paracelsus-Harz-Klinik, neben dem Forsthaus „Neue Schenke", befindet sich das fast nicht mehr erkennbare Mundloch eines Stollens. Die Länge dieses Stollens kann nicht abgeschätzt werden und ist auch nirgendwo dokumentiert.

51. Stollenversuch im Röhrengrund am Osthang des Burgberges der Lauenburg (Kt. 8, S. 13)

Dort ist ein Stollenversuch auszumachen, welcher nach ein paar Metern aufgegeben wurde. Nach unbestätigten Auskünften soll es sich dabei um den Versuch von mehreren Quedlinburger Bürgern gehandelt haben.

52. Die Lessinghöhle (Kt. 8, S. 13)

Über diese Höhle, die eigentlich ein Bergwerk ist, gibt es einige Mythen. Wir wollen nun versuchen die Wahrheit heraus zu kristallisieren.

Als während der varistischen Gebirgsbildung vor 270 Millionen Jahren der Ramberg-Granit nach oben stieg, ohne jedoch den Durchbruch zu schaffen, wurde das umliegende Tonschiefer-Gestein gefaltet und bekam dadurch viele Risse und Spalten. Diese verlaufen, geologisch bedingt, fast alle von Nordwesten nach Südosten und in den Rissen und Spalten wurden dort durch hydrothermale Lösungen die Erze ausgeschieden und abgelagert. Je nach der Entfernung von dem glutflüssigen Rambergmagma bildeten sich verschiedene Minerale aus: In der Nähe des Geschehens Kupferkies, Schwefelkies und Flussspat, weiter entfernt Bleiglanz, Zinkblende und Wolframit.

Die Quarzgänge an der Lessinghöhle befinden sich in unmittelbarer Nähe zum Ramberg-Granit und führen daher nur Kuperkies, Schwefelkies, Flussspat und Kalkspat. Dazu kommen noch Spuren von Arsenkies und Bleiglanz – diese Minerale können ca. 0,5 Prozent Silber enthalten.

Die Legende vom Silberbergbau in Bad Suderode kann somit geologisch widerlegt werden. Sie stammt wohl von der Namensgebung Silberteich, Silbertreppe und auch Silberbergwerk – beruht aber wohl ausschließlich auf der Tatsache, dass dort zwar noch Silber geschürft wurde, jedoch ohne Erfolg.

Der Gang von der Lessinghöhle her lässt sich geologisch recht genau nachweisen. Er beginnt am Seerosenteich in Neinstedt und tritt dann im Wurmbachtal sowie an der Lauenburg und der Radiumquelle in Stecklenberg wieder zu Tage, bildet weiterführend die Gänge an der Lessinghöhle und tritt dann im Gernröder Hagental wieder auf. Als 1974 der dortige Stollen zur Hohen Warte aufgefahren wurde, traf man nach 370 m denselben Gang wieder an.

Wann im Kalten Tal mit den ersten Bergbauversuchen begonnen wurde, lässt sich heute nicht mehr sagen. Dokumentiert ist, dass 1546 der Suderöder Amtsverwalter Georg Kramer dort ein Bergwerk anlegen ließ.

In dieser Zeit sollen auch der Fischteich zum Betreiben einer Wasserkunst sowie die Stollen am Felsenkeller angelegt worden sein. Die Hoffnung auf Silber erfüllte sich jedoch nicht, es wurden nur Kupferkies und das trügerische Katzengold gefunden.

Im 30-jährigen Krieg kam der dortige Bergbau vollständig zum Erliegen. Ob der Grubenbetrieb danach nochmals aufgenommen wurde, ist nicht überliefert.

Lessinghöhle (Wasserwerk)in Bad Suderode, durch Felssturz am 25.3.1909 teilweise zerstört. Alte Ansichtskarte, Kunstverlag P. Nollenberg, Borken, Nr. 53, um 1909

Um die 1880er Jahre war von dem ehemaligen Stollen nichts mehr zu sehen. Gewaltige Gesteinsmassen, von Bäumen und Sträuchern überwuchert, verdeckten die Höhle. Dann suchte man Gesteinsmassen für Schotter zum Straßenbau. Man transportierte die lockeren Gesteine ab und fand dabei den Eingang zum Stollen. Da dieser zum Teil mit Wasser gefüllt war, unternahm A.

Lessing von der hiesigen Bäderverwaltung mit einem hölzernen Waschfass, einer Laterne, einem Lot und einem Paddel eine Erkundungsfahrt in den Stollen.

Lessing zu Ehren, der den Stollen erkundet und sich zudem um den Badeort verdient gemacht hatte, wurde der Stollen fortan „Lessinghöhle" genannt.

Es war das Jahr 1906, als Bad Suderode unter Wassermangel litt. Daher entschloss man sich das Wasser der Lessinghöhle zu nutzen. Vor dem Stollenmundloch wurde ein 11 Meter tiefer Brunnen angelegt und mit der Lessinghöhle verbunden. Man installierte ein Pumpwerk, überbaute den Eingang und versorgte auf diese Weise den Ort mit Wasser.

53. Flussspat-Grube „Hohe Warte" (Kt. 8, S. 13)

Das Mundloch dieses modernen Bergwerkes, das bis 1987 betrieben wurde, befindet sich im Hagental etwa 500 m oberhalb des Mensingteiches. Das Bergwerk war ein Betriebsteil der Straßberger Flussspatgrube. Der Stollen ist heute mit massiven Betonteilen verschlossen. Leider treten jedoch bis heute stark eisenoxid- und salzhaltige Grubenwasser aus und kontaminieren den Mensingteich sowie den Hagenbach stark.

54. Luft- und Versorgungschächte der Grube Hohe Warte (Kt. 12, S. 17)

Diese Schächte befinden unmittelbar an der Rambergstraße zum Bremer Teich, in etwa 1,5 km Entfernung vom Haferfeld auf einer kleinen Lichtung. Sie sind verfüllt und gesichert.

55. Pingen am Kupferberg (Kt. 8, S. 13)

Südwestlich von Gernrode, auf der Hochfläche westlich des Ramberges, befinden sich zahlreiche Pingen und andere bergbauliche Hinterlassenschaften. Es ist das Gebiet um den Kupferberg, der wohl vom Kupferbergbau seinen Namen erhalten hat. Dieses Gebiet liegt südöstlich vom Neuen Teich bis hin zur Friedrichsbrunner Chaussee. Dort gab es, wohl vom 10. - 11. Jh. an, zwei Dorfstellen: Groß und Klein Böhmen. Die Dörfer sind urkundlich seit dem 12./13. Jahrhundert nachgewiesen und haben bis ins 16. Jahrhundert hinein bestanden. Es gilt als erwiesen, dass die wohl aus Böhmen angesiedelten Dorfbewohner, nach Erzen geschürft haben. Bei der Prospektion des Flussspatschachtes Hohe Warte wurde in diesem Gebiet umfangreicher Altbergbau angetroffen.

56. Pingen um die Paulswiese (Kt. 12, S. 17)

An den Paulswiesen, nordöstlich vom Ramberg, sind verstreut zahlreiche Pingen aufzufinden. Diese sind weder dokumentiert noch zeitlich einzuordnen.

57. Pingen an der Langen Allee (Kt. 12, S. 17)

Ausgehend vom Haferfeld, etwa 200 m östlich des Abzweigs von der Langen Allee zur Bremer Teich Zufahrt, befinden sich eine größere und mehrere kleine Pingen, welche nicht näher einzuordnen sind.

58. Der Neue Teich (Kt. 12, S. 17)

Der Teich soll, nach verschiedenen Quellen, im 17. Jahrhundert unter dem Namen „Silberteich“ angelegt worden sein. Es ist ein Kunstteich, der den Steinbach

– auch Hagentalbach genannt – staut. Angelegt wurde er wohl, um das nahe Bergwerk „Hohe Grube“ auf der Hohen Warte mit Aufschlagwasser für das dortige Wasserrad zu versorgen. Über das Bergwerk selbst ist fast nichts bekannt.

Der Neue Teich im Herbst

Oberhalb des Neuen Teiches befinden sich die Böhmischen Wiesen, in denen sich das von Heinrich Deist angelegte, heute weitgehend verlandete Gewässer Deist befindet, das später als Karpfenteich bezeichnet wurde. Heinrich Deist (1874 – 1963) war von 1919 bis 1932 Ministerpräsident des Freistaates Anhalt. In dieser Zeit ließ er wohl auch das Gewässer anlegen, dessen Zweck jedoch unklar ist.

Die Böhmischen Wiesen haben ihren Namen von der Dorfstelle Behem, die dort vom 12./13. bis ins 16./ 17. Jh. bestanden hat und deren wohl böhmische Bewohner schwerpunktmäßig Bergbau betrieben haben.

In der ersten Hälfte des 20. Jahrhunderts wurde der Teich umbenannt und hieß fortan Neuer Teich. Er wurde zum Trinkwasser-Reservoir für die Stadt Gernrode ausgebaut und erfüllte diese Funktion bis in die 1980er Jahre.

Der Neue Teich ist etwa 2,5 Hektar groß. Sein Erdstaudamm, der nach einem Dammbruch 1976 erneuert wurde, ist etwa 12 m hoch und 170 m lang.

59. Pingen im Gebiet der Viktorshöhe (Kt. 12, S. 17)

Rund um die Viktorshöhe, besonders südöstlich bis zum Bärendenkmal, befinden sich zahlreiche kleine Pingen, die nicht dokumentiert sind und wohl der Prospektion zugeordnet werden können; auch eine zeitliche Einordnung ist kaum möglich.

Viktorshöhe westlich von Friedrichsbrunn

60. Pingen an der alten Straße von Friedrichsbrunn nach Allrode (Kt. 12, S. 17)

An der sogenannten Klobenbergstraße befinden sich westlich von Friedrichsbrunn zwei kleine Pingen, welche bergbaulichen Aktivitäten zuzuordnen sind; weitere Erkenntnisse liegen dazu leider nicht vor.

61. Pingen am Großen Drachenkopf und am Birkenkopf (Kt. 6, S. 11)

Zwischen dem Dambachhaus und dem Pfeilsdenkmal befinden sich mehrere Pingen. Diese können dem Bergbaufeld „Glückauf Minna" zugeordnet werden. Das Gleiche kann auch für die Pingen am Birkenkopf, östlich des Dambachhauses, vermutet werden. Erwerbsbergbau fand wohl nicht statt, obwohl dort 1938 nochmals geschürft wurde.

62. Stollen und Kunstgraben zur Versorgung des Bergwerkes „Braunschweigische Zeche"
(Kt. 5, S. 10)

Um das im 18. Jahrhundert betriebene vorgenannte Bergwerk mit Aufschlagwasser zu versorgen, wurde ein kleiner Stollen durch die engste Stelle des Mittelkopfes getrieben und in einem Graben, rechts der Bode – jetzt ein Wanderweg –, bis zum Bergwerk Nr. 63 geführt.

63. Das Bergwerk „Braunschweigische Zeche"
(Kt. 5, S. 10)

Diese auf der rechten Bodeseite am Wildenstein gelegene Grube wurde von etwa 1710 bis 1770 betrieben. Sie hat ein umfangreiches Grubengebäude mit zwei

Schächten – bis ca. 100 m Taufe – zwei Tagesstollen, mehrere Sohlen und Strecken sowie ein Scheidehaus. Zwei Strecken lagen unterhalb der Bode, deren eine bis in den Burgberg getrieben wurde. Sie war über ein Gesenk mit einem Stollen durchschlägig, dessen Mundloch gegenüber der Fußgängerbrücke noch zugänglich ist.

links:
Eingang der "Braunschweigischen Zeche"

unten:
Infotafel über dem Eingang der Zeche

Die übrigen Relikte, welche bis vor einiger Zeit noch zugänglich waren, sind, bis auf einen großen Einsturztrichter, inzwischen gesichert. Dieser ist über einen Fußsteig oberhalb der Gaststätte „Auf der Halde“ noch zu erreichen. Zudem ist dort ein kurzer Stollen noch befahrbar.

64. Stollen am Mittelkopf (Kt. 5, S. 10)

Dort ist in der ersten Hälfte des 18. Jahrhunderts ein etwa 50 m langer Stollen von der Ostseite her in den Berg getrieben worden, der heute noch befahrbar ist. Das Mundloch befindet sich auf halber Höhe am Berghang. Im Stollen befindet sich ein Gesenk, das jedoch vermüllt ist und dessen Teufe daher nicht mehr festgestellt werden kann. Es wurde auf Kupfer und Silber gebaut, ob mit Erfolg ist nicht überliefert.

65. Stollen im Spohnbleek (Kt. 5, S. 10)

Genau gegenüber des Objektes Nr. 54 befindet sich am linken Bodeufer, wahrscheinlich in Fortsetzung der Erzführung, ebenfalls ein alter, aus dem 18. Jahrhundert stammender Stollen von etwa 20 m Länge. Er ist nur durch die Bode zu erreichen. In der regionalen Bergbaugeschichte wird er mehrfach genannt, spielte aber wohl dennoch keine größere Rolle.

66. Der Treseburger Kunstgraben (Kt. 5, S. 10)

Unmittelbar hinter der ersten Bodebrücke in Richtung Altenbrak war ein Wehr in der Bode errichtet, aus dessen Stau der Kunstgraben am linken Bodeufer gespeist wurde. Er kann noch heute bis in die Ortslage von Treseburg verfolgt werden – zuletzt als Fuß- und Radweg. Der Kunstgraben versorgte sämtliche Treseburger Betriebe, von der Schmiede am Haus Wildstein über die Pulvermühle bis hin zur Hütte, mit Aufschlagwasser für ihre Wasserräder.

67. Die Treseburger Kupferhütte und die Pulvermühle (Kt. 5, S. 10)

Die von 1712 bis 1777 betriebene Hütte, die vermutlich von Erzlieferungen der Braunschweigischen Zeche abhängig war, lag an der linken Bodeseite, an der Stelle des heutigen Parkplatzes. Sie verarbeitete Kupfererze, konnte jedoch kein Silber abscheiden, das geschah in der Silberhütte im Tierpark von Blankenburg. Die Pulvermühle lag bodeabwärts, unmittelbar unterhalb der Hütte. Sie hatte die Kupferhütte wahrscheinlich um einige Jahre überlebt, war aber wohl dennoch nur von örtlicher Bedeutung. Darauf deutet ein Plan aus dem Jahr 1767 hin, der die Mühle als kleines unbedeutendes Unternehmen darstellt.

68. Die Treseburger Fundgrube (Kt. 5, S. 10)

Etwa 100 m unterhalb des letzten Treseburger Hauses, an der rechten Bodeseite, befindet sich ein verstürzter Stollen. Dieser hatte eine Länge von 50 m und hatte ein Gesenk, welches jedoch verfüllt wurde. Das Haufwerk (Gemische fester Partikel, die lose vermengt oder fest miteinander verpresst oder verbacken sind) bildet dort eine kleine Halde am Bodeufer, die aus der Zeit um 1715 stammt.

69. Ein erster Stollen an der Straße von Treseburg nach Allrode (Kt. 5, S. 10)

Dieser Stollen liegt etwa 500 m südlich des Ortsausgangs von Treseburg am Osthang des Pfaffenkopfes. Er wurde im Jahr 1857 mit etwas Gefälle nach innen, in einer Länge von 30 m mit einer nach links abzweigenden kurzen Strecke, angelegt. Der Bergbau an dieser Stelle blieb jedoch wohl ohne Erfolg, das Mundloch wurde vermauert.

70. Stollen im Ohrental (Kt. 5, S. 10)

In einem linken Seitental der Luppbode befindet sich etwa 250 m westlich der Landstraße nach Allrode ein

Stollen, der fast gänzlich verstürzt ist. Seine Halde umfasst etwa 10 Kubikmeter. Näheres über dieses Bergbaurelikt ist nicht bekannt.

71. Ein zweiter Stollen an der Straße von Treseburg nach Allrode (Kt. 5, S. 10)

Mit einer Länge von 16,4 m wurde dort, einem geringmächtigen Erzgang folgend, ein Stollen in den Berg getrieben. Er ist in einer Kurve an der linken Seite der Luppbode gelegen, etwa 1,4 km Straßenlänge südlich von Treseburg, an der Ostseite des Boßleichs. Nach Überwindung des etwas eingeengten Mundlochs kann der Stollen aufrecht befahren werden.

72. Verstürzter Stollen in der Nähe der unteren Boßleichschlucht (Kt. 9, S. 14)

Unmittelbar an der Einmündung der Boßleichschlucht liegt, am ersten nach rechts abzweigenden Weg, in direkter Nähe über einem Soldatengrab aus dem 2. Weltkrieg, etwa 10 m oberhalb der Straße nach Allrode, das Mundloch eines Stollens. Dieser wurde in den Osthang getrieben. Der Stollen wurde um 1856 aufgeschlossen und soll 30 m lang sein. Um 1940 soll er noch befahren worden sein.

73. Stollen und Schachtversuch an der Straße Treseburg-Allrode (Kt. 9, S. 14)

Die hier erwähnten Objekte befinden sich in der ersten Rechtskurve hinter der Einmündung der Boßleichschlucht in Richtung Allrode. Der Stollen ist verstürzt und lag etwas über dem Straßenniveau, wie seine Rösche zweifelsfrei erkennen lässt. Der Schacht (Versuch) liegt etwa 15 m höher, unmittelbar am Grat des in die Kurve abfallenden Felsens. Vermutlich wurde dort der gleiche Erzgang gesucht, welcher auch zu Arbeiten an den Objekten 20 und 72 Veranlassung bot.

74. Ein dritter Stollen an der Straße Treseburg-Allrode (Kt. 9, S. 14)

Etwa 400 m südlich der Einmündung der Boßleichschlucht in die Luppbode befinden sich auf Straßenniveau drei Stollen. Der mittlere davon, ursprünglich 3 m lang, ist verstürzt. Der nördliche, jetzt vermauerte, Stollen ist ca. 4 m lang aufgefahren und hat an der linken Seite ein kleines Gesenk unbekannter Teufe. Er war vermutlich genau so erfolglos wie der mittlere Stollen.

Der südliche Stollen ist 30 m lang aufgefahren. Nach etwa 10 m wurde ein heute vermülltes Gesenk – nach den Unterlagen 20 m tief – abgesenkt aufgefahren, von welchem mehrere Strecken abzweigen sollen. Es sind in diesem Stollen reiche Erze gefördert worden, dennoch wurde der Bergbau wegen angeblichen Kapitalmangels um 1857-1860 dort eingestellt.

75. Mutung auf Silber und Arsen, südlich von Allrode (Kt. 9, S. 14)

Etwa 1 km südlich von Allrode, an einem von Osten der Luppbode zufließenden Bach, befindet sich ein kleines Waldstück (Forstrevier 104), an dessen Nordseite der Weg nach Güntersberge führt. In diesem Waldgrundstück ist ein kleiner Steinbruch aufgeschlossen. Etwa 50 m südlich davon befindet sich direkt am Weg ein kleiner Einschlag. Dieser ist der Fundpunkt der von Pastor Marre aus Allrode 1859 beantragten Mutung.

Zum Abbau fehlte aber angeblich das notwendige Kapital.

76. Mutung „Brunhildis", an der Straße von Wienrode nach Treseburg (Kt. 5, S. 10)

Etwa 600 m vor dem Abzweig nach Totenrode – aus Wienrode kommend – befinden sich beidseitig der Straße kleine Steinbrüche. An dem westlichen Steinbruch ist in Straßenniveau ein fast verstürzter Stollenversuch erkennbar. Das ist die Mutung des Grubenfeldes „Brunhildis". Über die tatsächliche Länge des Einschlages können keine Aussagen getroffen werden. Nach den zugänglichen Unterlagen kann diese Mutung nur unbedeutend gewesen sein; aktiver Bergbau wurde wohl nicht betrieben.

77. Das Bergwerk „Caroline" in den Rehtälern (Kt. 5, S. 10)

Hierbei handelt es sich um eine der wenigen über einen längeren Zeitraum betriebenen Gruben. Mit Unterbrechungen war eine Betriebszeit vom Anfang des 19. Jh. bis zum Jahr 1912 zu recherchieren. Abgebaut wurde wohl schwerpunktmäßig Kupfer. Es sind noch 5 Stollen – ein Mundloch davon verstürzt – ein Schachtversuch, mehrere Einschläge und Schürfe, ein ehemaliges Gleisbett sowie Fundamente zugänglich. Die gesamte Anlage zieht sich im 1. Rehtal vom oberen Weg bis fast an das Bodeufer und an den dortigen Hängen hin.

78. Der Hermanns-Stollen (Kt. 5, S. 10)

Am Fuße des 2. Rehtals, unmittelbar über dem Bodelauf, befindet sich ein kleiner Stollen mit zwei Mundlöchern. Der insgesamt etwa 30 m lange, rechtwinklig mit einigen Einschlägen verlaufende Stollen, soll nach 1800 auf Bleiglanz, Zinkblende und Kupferkies betrieben worden sein, was jedoch wegen des geringen Volumens angezweifelt werden muss. Der Stollen selbst ist gut zu befahren und am einfachsten durch die Bode zu erreichen.

79. Pinge an den Lindentälern

Am Übergang der Lindentäler zu dem Steilhang des Bodetales befindet sich eine Pinge. Ob es sich dabei um einen erfolglosen Versuchsbergbau, im Zusammenhang mit dem in der Nähe gelegenen Bergwerk „Caroline“, handelt, ist nicht sicher. Unterhalb dieses Objektes soll sich am Bodehang in den Gewitterklippen noch ein Stollen befinden, der jedoch noch nicht lokalisiert werden konnte.

Die Bergbaupunkte 80 – 84 sind derzeit nicht auffindbar.

Bergbau auf Kohle

85. Grube „Germania I“ (Kt. 2, S. 7)

Diese Grube wurde mit Unterbrechungen von 1875 bis 1923 betrieben. Zunächst wurde sie im Tagebaubetrieb, später im Tiefbau bis zu 60 m, erschlossen. Sie befand sich an der Stelle des alten Deponiegeländes des ehemaligen Eisenhüttenwerkes Thale. Das ist gegenüber des Gasthauses „Rübchen“, beginnend westwärts bis hin zum Ende des Ortsteiles Benneckenrode.

Dort wurde Tertiär-Braunkohle minderer Qualität abgebaut, welche überwiegend vom Betreiber, dem EHW-Thale, im Eigenbetrieb verfeuert wurde.

86. Grube „Wilhelm" (Kt. 2, S. 7)

Diese Grube liegt an der Straße von Benneckenrode zum Forsthaus Eggerode. Es ist nur eine kleine Grube, die ebenfalls vom EHW-Thale betrieben wurde und zwar von 1923 bis 1926. Auf insgesamt 3 Sohlen wurde hinter dem Bach, welcher bei Eggerode in den Silberbach mündet, Braunkohle minderer Qualität abgebaut. Die Grube ist im Gelände noch deutlich als etwa 6 m tiefer Graben auszumachen, der westlich in der sogenannten Eggeröder Sandgrube (Nr. 157) endet.

87. Grube „Hercynia" (Kt. 1, S. 6)

Diese Grube baute auf dem gleichen Braunkohlevorkommen, wie die beiden vorgenannten, ab. Jedoch liegt sie auf Wienröder Gebiet und wurde ebenfalls im bis zu 56 m abgesenkten Tiefbau betrieben. Ihre Betriebszeit lief vom Ende des 19. Jahrhunderts bis zum Jahr 1915, dann setzte ein Grubenbrand ihr ein Ende. Heute zeugt nur noch eine Reihe von Teichen von der einstigen Existenz der Grube. Diese ursprünglich auf zwei Gruben gegründete Anlage war für ihre Zeit technisch relativ modern eingerichtet. Wie die beiden vorgenannten Objekte wurde auch sie im Bruchbergbau betrieben. In der Notzeit nach dem 2. Weltkrieg fand im Gebiet des westlichen Teiches Notbergbau statt, welcher jedoch infolge des Einbruches von Oberflächenwasser um 1950 eingestellt werden musste.

Grube "Hercynia" (Notbau), Reproduktion eines Ölgemäldes von Hans Döppner, 1949, Foto aus dem Archiv von Günter Wilke

88. Grube „Schlangenecke" (Kt. 4, S. 9)

Diese Grube befand sich nördlich der Teufelsmauer in Richtung Weddersleben. Sie wurde im Jahr 1878 vergeben. Wie belegt ist, fand der geringe Abbau der anstehenden Braunkohle in mehreren Etappen bis nach dem 1. Weltkrieg statt. Die Abbauberechtigung für das verliehene Feld gleichen Namens wurde zuletzt von der sogenannten „Steinfabrik" in Thale beansprucht, jedoch nicht mehr genutzt.

89. Fundpunkt des Steinkohlenfeldes „Bodetal" (Kt. 3, S. 8)

Dieses eigentlich südlich der Teufelsmauer in Richtung Neinstedt verliehene Feld, hatte seinen Fundpunkt (Lagerstätte in einem Schacht oder Bergwerk, an der Mineralien zuerst entdeckt wurden) eigentümlicherweise in der Feldflur zwischen dem Eberskopf und den Lüderhornsbergen. Es soll bereits einen alten Schacht an dieser Stelle gegeben haben, welcher um 1850 zum Grubenfeld „Hilfe Gottes“ 32 Lachter tief (1 Lachter in Preußen etwa 2,09 m) abgeteuft war – diesbezüglich sind wohl Zweifel angebracht. 1875 wurden mehrere Steinkohleflötze durch einen Schacht von 35 m Teufe erschlossen. Am 3. September 1875 wird das Feld verliehen. Ein 0,5 m starkes Flötz soll teilweise im Quadersandstein abgebaut worden sein. Weitere Informationen liegen nicht vor, auch kann die genaue Lage des Schachtes nicht mehr nachvollzogen werden. Bereits 1879 soll dieser Schacht bereits wieder verfüllt worden sein.

90. Die Braunkohlenmutung „Kuxburg“ (Kt. 2, S. 7)

Diese Mutung befand sich nordöstlich der Ortslage Timmenrode, zwischen dem Schützenplatz und der Kuxburg, in einer wohl ehemaligen Tongrube. Im Jahr 1866 beantragte der Rittergutsbesitzer Mundt – der auch eine Ziegelei betrieben hat – die Abbaurechte. 1877 mutete Müller aus Treseburg das Feld unter dem Namen „Zeche Kuxburg“. Ein 32 m tief abgeteufter Schacht brachte jedoch nicht das erhoffte Ergebnis, so dass der Abbau bereits 1879 eingestellt wurde. 1917 fiel das Feld in das sogenannte „Freie“.

Die Bergbaupunkte 91 - 95 sind derzeit nicht auffindbar.

Solegewinnung

96. Ehemaliges „Hubertusbad“ (Kt. 6, S. 11)

Bereits seit 1595 wurde auf der sogenannten Salzstrominsel in Thale aus einem Brunnen Sole gefördert, welche zu Salz verdampft wurde, jedoch viele Verunreinigungen enthielt. 1834 erfolgte eine Neuverteilung der Rechte an den Gutsförster Daude, welcher dann ein Bad einrichtete. Dieses wurde bis 1945 ständig erweitert und zudem wurde Salz gewonnen und verkauft. In der DDR erfolgte dann die Schließung. Seit etwa 2000 wurde an einer Wiederbelebung gearbeitet und ein neuer Brunnen wurde errichtet. Inzwischen gibt es auch ein neues Solebad, die Bodetal-Therme.

97. Die „Wilhelmsquelle“ (Kt. 6, S. 11)

Hinter dem heutigen Ärztehaus am Eingang zum Bodetal (ehemals Mädchenpensionat Lohmann) wurde bei dessen Errichtung im Jahr 1888 in 9 m Tiefe an der südwestlichen Ecke des Grundstückes ein Solevorkommen aufgeschlossen. Es kann vermutet werden, dass es sich um das gleiche Vorkommen handelt, von dem auch 96 gespeist wird. Es soll von drei Zuläufen gespeist worden sein. Infolge bergrechtlicher Versäumnisse des Grundstückseigentümers konnte das Vorkommen jedoch nicht erschlossen werden. Es ist heute in Vergessenheit geraten und der genaue Fundpunkt ist nicht mehr bekannt.

98. Die „Behringer Quelle“ in Bad Suderode

(Kt. 8, S. 13)

In dem kleinen Heilbad Bad Suderode sprudelt eine Solequelle, wie es wohl in Deutschland und Europa keine zweite gibt. Erstmals erwähnt wurde die „Wunderquelle“ im „Düsteren Tal“ bereits 1480. Ihre Heilwirkung, die auf einem ungewöhnlich hohen Anteil von Calcium beruht, wurde aber erst um 1820 nach ihrer Wiederentdeckung durch den Kreisphysikus Dr. Ziegler untersucht. Und dann ging alles ganz schnell: Die Calciumsole-Quelle wurde erschlossen und durch einen neuen Weg zugänglich gemacht. Eine erste Badeanstalt entstand und das Wasser wurde nach Quedlinburg und ab 1827 in das bereits bestehende Alexisbad geschafft. Schnell erkannte man den Heilwert des Wassers mit seinen Primärbestandteilen Calcium, Natrium, Magnesium, Kalium, Chlorid, Fluorid und Sulfat. Der angeblich erste Kurgast von Suderode wird für das Jahr 1826 genannt. Und keine Werbung kann besser sein als Erfolgsreferenzen und „Mund-zu-Mund-Propaganda“. Suderode entwickelte sich in Windeseile vom einfachen preußischen Dorf zum Badeort. Die Gäste brachten Geld, das in neue, schmucke Häuser mit Balkon (böhmischer Stil) und in Hotels und Pensionen mit Bademöglichkeiten investiert wurde. Aber es war noch beschwerlich Suderode zu erreichen. Um 1870 erbaute die Familie Vollmer nahe der Solequelle das Ausflugslokal „Felsenkeller“ und begann mit Omnibussen (Pferdekutschen) Kurgäste aus Quedlinburg abzuholen. Kurpromenaden wurden angelegt und weitere Kureinrichtungen geschaffen. 1885 erfolgte der verkehrstechnische Durchbruch – Suderode wurde an die Eisenbahnlinie Quedlinburg-Ballenstedt angeschlossen. Die Zahl der „Sommergäste“ nahm stark zu und es wurden neue Villen, Pensionen, Kureinrichtungen, das Bäderhaus und der Kurpark erbaut. Die noch heute erhaltene Bäderarchitektur entstand. Auf einer Ansichtskarte aus dem Jahr 1898 wird Suderode auf Grund seines milden, geschützten Klimas als „harzisches Montreux" bezeichnet. 1914 wurde Suderode der amtliche Titel „Bad" verliehen. Zu dieser Zeit hat sich auch die Wissenschaft der Calciumsole angenommen. 1924 wird geschrieben: „Calcium-Quelle des Solebades Bad Suderode am Harz / Wissenschaftliche Untersuchungen in den letzten Jahren durch Loew, Emmerich, Hamburger, Röse, Kuhnert u.v.a. haben ergeben, dass die Nahrung des Kulturmenschen einen erheblichen Mangel an Kalksalzen aufweist. Das Blut, das Gehirn, der Herzmuskel, das Knochengerüst, die Drüsenzellen und -säfte sind es, die am meisten unter der ungenügenden Kalkzufuhr zu leiden haben. Daher das statistisch einwandfrei von Röse festgestellte häufige Vorkommen von englischer Krankheit, Skrofulose, Knochenerweichung, auch bei der werdenden Mutter, Zahnfäulnis, Tuberkulose, Infektionskrankheiten, von mangelnder Stillfähigkeit der Mütter, daher die auffallend geringe Zahl der Militärtüchtigen in kalkarmen Gegenden. Hier kann die Bad Suderoder Calciumquelle als Vorbeugemittel durch Erhöhung der Kalkzufuhr eine geradezu segensreiche Wirkung auf die Volksgesundheit entfalten. Sie wirkt aber auch gleichzeitig als Heilmittel bei den oben erwähnten und einer großen Reihe weiterer Krankheiten, besonders des Stoffwechsels: Blutarmut, Gicht, Zuckerharnruhr, Fettsucht, Krampfzuständen der Kinder, Heufieber, sowie besonders bei so weit verbreiteten Krankheiten: der Tuberkulose und der Arterienverkalkung als ungemein wichtige Unterstützung des Heilungsprozesses."

Im Jahr 1934 wurde der Calciumbrunnen mit seinem von Säulen getragenen halbkugelförmigen Kupferdach sowie der Kurpark in seiner heutigen Terrassenform errichtet. Während der DDR wurde zwar das Sanatorium „Willi Agatz“ gebaut, der allgemeine Kurbetrieb wurde aber stark vernachlässigt und der Behringerbrunnen wegen Verunreinigungen gesperrt. Die gesamte Bäderstruktur wurde stark in Mitleidenschaft gezogen.

Calcium-Sole-Pavillon im Kurpark von Bad Suderode

In den letzten Jahren ist Bad Suderode wieder erblüht und hat zu altem Glanz zurückgefunden. Nicht wie früher, keine Zeit ist zurückzuholen. Es gibt nicht mehr, wie 1921, an jedem Tag der Woche ein Kurkonzert. Dafür müssen sie aber auch ihr Bad nicht mehr in einer Wanne nehmen. Ein großzügiges Kurzentrum ist geschaffen worden, mit einem modernen Schwimmbad mit Innen- und Außenbereich, mit Kurmittelhaus und

Kuranlagen, mit Kurpark und Brunnenhalle, mit Gastbibliothek und Café, mit Veranstaltungsräumen und täglichen Veranstaltungen und mit einem Wellness- und Fitnesszentrum. Zudem ist das ehemalige Sanatorium der DDR-SVK von der Paracelsus-Kliniken Gruppe erworben und zu einem modernen Therapiezentrum für Herz-Kreislauf und Krebserkrankungen ausgebaut worden.

Nach dem Verkauf des Kurzentrums an Privatinvestoren wird das Objekt derzeit ausgebaut, modernisiert und erweitert und soll noch im Jahr 2019 wiedereröffnet werden.

Die Bergbaupunkte 99 und 100 sind derzeit nicht auffindbar.

Steine und Erden

Leider sind für die bergbaulichen Aktivitäten und Objekte, die in diese Rubrik fallen, nur in seltenen Fällen Unterlagen vorhanden. Daher erfolgt lediglich eine Aufzählung derselben, die jedoch Lücken aufweisen kann.

Die recherchierbaren Objekte sind mit entsprechenden Registriernummern versehen und in der Übersichtskarte eingezeichnet. Fall der interessierten Leserschaft weitere Objekte in dieser oder einer anderen Kategorie bekannt sind, so würden wir uns über eine Information freuen. Sicherlich findet in überschaubarer Zeit eine Überarbeitung dieser Auflage statt, in die dann Änderungen und Ergänzungen eingebracht werden können.

101. (Kt. 4, S. 9) Ehemalige Sandsteinbrüche an der Teufelsmauer (Königsteine bei Weddersleben)

102. (Kt. 3, S. 8) Kiesgrube südöstlich von Warnstedt, südwestlich der Warnstedter Mühle

Die Warnstedter Mühle

103. (Kt. 3, S. 8) Sandsteinbrüche am Lüderhornberg, östlich der Straße Thale-Warnstedt, nördlich des Eberkopfes

104. (Kt. 3, S.8) alte, ehemals zum Rittergut Thale gehörende Sandgrube, heute fast vollständig verfüllt; nördlich, etwa auf halber Strecke der Straße Thale-Warnstedt gelegen, zwischen Straße und Jordansbach

105. (Kt. 3, S. 8) Kalkgruben am Mühlenberg (sogenannter Kirschenberg), teilweise verfüllt, ehemaliger Betreiber Nr. 108, nördlich der Bode und nordwestlich des Thalenser Sportplatzes gelegen

106. (Kt. 3, S. 8) Standort der ehemaligen Ziegelei auf dem Mühlenberg, gelegen westlich an der Mühlenbergstraße von Thale nach Weddersleben, Betriebszeit vom Ende des 19. Jahrhunderts bis Anfang des 20. Jahrhunderts

107. (Kt. 3, S. 8) drei ehemalige Tongruben der Ziegelei 106; heute mit Müll verfüllt, unmittelbar nördlich von 106

108. (Kt. 3, S. 8) ehemalige Ziegelei und Lehmverarbeitung „Hüttebring", Lage: nördlich der Bode, nordwestlich des Sportplatzes Thale

109. (Kt. 3, S. 8) Tongrube am Knieberg, ehemaliger Betreiber Nr. 108; gelegen in Thale, südöstlich des Weinbergs

110. (Kt. 3, S. 8) Kalkbruch am Kahlenberg Thale, Ostseite, betrieben von 106 und 114

111. (Kt. 3, S. 8) Lehmgrube am Kahlenberg Thale, Westseite

112. (Kt. 2, S. 7) Buntsandsteinbrüche im und am Kirchenberg Thale, südliche des Freibades

113. (Kt. 2, S. 7) Buntsandsteinbrüche auf der Nordseite des Sonnenberges Thale

114. (Kt. 2, S. 7) ehemalige Steinfabrik, Schamotte- und Silikat-Fabrik Thale, war ein Betrieb des EHW-Thale, sie lag östlich des „Rübchens" an der Straße nach Benneckenrode

115. (Kt. 2, S. 7) Tongrube der ehemaligen Steinfabrik, unmittelbar nordwestlich der Steinfabrik

116. (Kt. 2) zwei ehemalige Sandgruben östlich der Gaststätte „Rübchen“, betrieben von der Steinfabrik sowie der Firma Freundel

117. (Kt. 2) ehemalige Ziegelei Freundel in der Roßtrappenstraße in Thale

118. (Kt. 2) ehemalige Ziegelei (abgerissen) und Tongrube (verfüllt) bei Timmenrode, westlich vom Küsterberg, südwestlich vom Forellenteich

119. (Kt. 4, S. 9) Kalkhof und Ziegelei in Neinstedt, am südlichen Ortsausgang, östlich der Straße Neinstedt-Stecklenberg

120. (Kt. 4, S. 9) ehemalige Tongrube der Ziegelei Neinstedt, südöstlich des Abzweiges Neinstedter Straße – Am Rumberg

121. (Kt. 4, S. 9) ehemalige Kalkgrube Neinstedt, am östlichen Ortsausgang, nördlich der L 92 unterhalb der Ahornwarte

122. (Kt. 8, S. 13) ehemalige Kalkgruben südlich von Neinstedt (teilverfüllt), am Kahlenberg

123. (Kt. 7, S. 12) Kalk-(Dolomit-)Bruch im sogenannten Tannenkopf (Elzberg) im Stecklenberger Wald

124. (Kt. 8, S. 13) ehemalige Lehmgrube im Stecklenberger Wald, etwa 1 km westlich vom nördlichen Ortsausgang Stecklenberg

125. (Kt. 2, S. 7) Gebäude der ehemaligen Zementfabrik „Victoria“, auf dem Abrissgelände des ehemaligen EHW Thale

126. (Kt. 7, S. 12) Kleiner Steinbruch am ehemaligen Jagdschloss Georgshöhe (vermutlich angelegt zum Bau desselben)

127. (Kt. 6, S. 11) Kiesgruben am sogenannten „Kuhlager", nordöstlich des Ochsensumpfteiches (auch Peterstichel)

Ochsensumpfteich (ober Peterstichel) bei Thale

128. (Kt. 6, S. 11) ehemalige kleine Kiesgrube an der Straße Thale-Friedrichsbrunn, westlich der Straße unmittelbar am südlichen Ende des Hexentanzplatzmassivs

129. (Kt. 6, S. 11) verfüllter, ehemaliger Steinbruch ca. 300 m nordwestlich der Straße Thale-Friedrichsbrunn

130. (Kt. 7, S. 12) kleiner Steinbruch 200 m nördlich nach Abzweig zur Georgshöhe (Nähe Mutung Steinbach)

131. (Kt. 7, S. 12) Steinbruch an einer Kurve der Straße Thale-Friedrichsbrunn gelegen (Fußweg zur Georgshöhe)

132. (Kt. 7, S. 12) Zwei Steinbrüche an der Südost-Seite des Lindenbergs, südlich von Thale

133. (Kt. 3, S. 8) Steinbruch am Lindenberg in Thale, am Ende der Stecklenberger Allee

134. (Kt. 3, S. 8) Steinbruch am Lindenberg in Thale, an der Walpurgisstraße

135. (Kt. 3, S. 8) Steinbruch am Lindenberg, südlich der Stecklenberger Allee

136. (Kt. 7, S. 12) Kleiner Steinbruch, etwa 80 m südlich einer Kurve der Straße Thale-Friedrichsbrunn, am Abzweig des Fußweges zum Steinbachtal

137. (Kt. 6, S. 11) Steinbruchgebiet am Abzweig zum Bergtheater, betrieben bis 1965 (5 beachtliche Granitsteinbrüche)

138. (Kt. 6, S. 11) Kleiner Steinbruch am Wurzelwegkopf

139. (Kt. 10, S. 15) sogenannter „Pionierbruch" südlich des Bergbaugebietes „Pabstburg" (32)

140. (Kt. 7, S. 12) zwei kleine Steinbrüche am „Mailaubenkopf" nördlich Friedrichsbrunn

141. (Kt. 2, S. 7) Kleiner Steinbruch an der alten Roßtrappenchaussee, kurz hinter dem Abzweig nach Benneckenrode

142. (Kt. 2, S. 7) Kleiner Steinbruch an der alten Roßtrappenstraße, kurz vor deren Einmündung in die Straße von Thale nach Treseburg und zur Roßtrappe

143. (Kt. 1, S. 6) der „Blaue Bruch“, gelegen an der Straße Wienrode-Treseburg, Abzweig Waldweg nach Thale

144. (Kt. 5, S. 10) zwei Steinbrüche beidseitig der Straße Wienrode-Treseburg, etwa 500 m nördlich des Abzweiges nach Totenrode

145. (Kt. 7, S. 12) mehrere Steinbrüche im unteren Wurmbachtal

146. (Kt. 7, S. 12) Steinbruch im mittleren Wurmbachtal

147. (Kt. 7, S. 12) Kiesgrube im oberen Wurmbachtal – Teichstelle

148. (Kt. 8, S. 13) Steinbruch unterhalb der Radiumquelle bei Stecklenberg

149. (Kt. 8, S. 13) Steinbruch im Kalten Tal, kurz hinter dem Ortsausgang Bad Suderode

150. (Kt. 12, S. 17) mehrere Steinbrüche im Gebiet der Viktorshöhe

151. (Kt. 11, S. 16) Steinbruch am Weg Friedrichsbrunn-Bergrat-Müller-Teich (zurzeit Schießstand)

152. (Kt. 11, S. 16) kleine Steinbrüche am Weg von Friedrichsbrunn zur Viktorshöhe, am Wegeners Kopf

153. (Kt. 9, S. 14) Steinbruch nördlich Allrode, an der Straße nach Treseburg

154. (Kt. 5, S. 10) kleiner Steinbruch südlich von Treseburg, an der Straße nach Allrode

155. (Kt. 9, S. 14) ehemalige Ziegelei bei Allrode, abgerissen und verfüllt

156. (Kt. 1, S. 6) ehemalige Kalkgrube mit kleinem Schachtofen bei Cattenstedt, verfallen und abgerissen

157. (Kt. 2, S. 7) Sandgrube bei Eggerode

158. Ziegelei Kratzenstein bei Quedlinburg, zwischen Mühlgraben und Bode

159. Tongrube der Ziegelei Kratzenstein, an der Straße Weddersleben-Quedlinburg, direkt am Ortseingang von Quedlinburg, links der Straße

160. Ton und Sandgruben auf der Altenburg bei Quedlinburg

161. (Kt. 2, S. 7) ehemalige Lehmgrube, genannt „der fule Diek", betrieben vom Ende des 19. Jahrhunderts bis Anfang des 20. Jahrhunderts

162. (Kt. 7, S. 12) Kleiner Steinbruch am Weg vom Fuße des Tannenkopfes zum Lindenberg; dort wurde Grauwacke in geringen Mengen in zwei Ebenen abgebaut, eine kleine Rampe ist noch erkennbar.